编 委 会

高职高专项目导向系列教材

DCS控制系统的构成与操作

马　菲　主编

化学工业出版社

·北京·

本书以项目化教学的方式，选取了国内浙大中控 JX-300XP DCS 和日本横河 CS3000 两套系统，分别进行乙酸乙酯 DCS 控制系统的选型、安装与操作和加热炉 DCS 控制系统的选型、安装与操作。通过参观现场及“教、学、做”一体化的实训室，以提高学生的职业能力。本书介绍了 JX-300XP 和 CS3000 控制系统的控制站、操作站基本硬件构成、主要功能和数据通信以及项目实施的一般流程，即根据工艺设备清单进行前期统计、硬件选型、设备安装、组态设计以及系统运行调试。

本书不仅可作为高职高专石油、化工等相关专业的教材，也可供相关专业其他层次的职业技术院校以及企业的工程技术人员使用。

图书在版编目（CIP）数据

DCS 控制系统的构成与操作/马菲主编. —北京：化学工业出版社，2012.7（2023.8 重印）
高职高专项目导向系列教材
ISBN 978-7-122-14502-4

Ⅰ. D… Ⅱ. 马… Ⅲ. 分布控制-控制系统-高等职业教育-教材 Ⅳ. TP273

中国版本图书馆 CIP 数据核字（2012）第 123927 号

责任编辑：廉　静　　文字编辑：徐卿华
责任校对：顾淑云　　装帧设计：刘丽华

出版发行：化学工业出版社（北京市东城区青年湖南街 13 号　邮政编码 100011）
印　　装：北京建宏印刷有限公司
787mm×1092mm　1/16　印张 8　字数 190 千字　2023 年 8 月北京第 1 版第 6 次印刷

购书咨询：010-64518888　　售后服务：010-64518899
网　　址：http://www.cip.com.cn
凡购买本书，如有缺损质量问题，本社销售中心负责调换。

定　价：25.00 元

序

辽宁石化职业技术学院是于2002年经辽宁省政府审批，辽宁省教育厅与中国石油锦州石化公司联合创办的与石化产业紧密对接的独立高职院校，2010年被确定为首批建设的“国家骨干高职院校立项建设单位”。多年来，学院深入探索教育教学改革，不断创新人才培养模式。

2007年，以于雷教授《高等职业教育工学结合人才培养模式理论与实践》报告为引领，学院正式启动工学结合教学改革，评选出10名工学结合教学改革能手，奠定了项目化教材建设的人才基础。

2008年，制定7个专业工学结合人才培养方案，确立21门工学结合改革课程，建设13门特色校本教材，完成了项目化教材建设的初步探索。

2009年，伴随辽宁省示范校建设，依托校企合作体制机制优势，多元化投资建成特色产学研实训基地，提供了项目化教材内容实施的环境保障。

2010年，以戴士弘教授《高职课程的能力本位项目化改造》报告为切入点，广大教师进一步解放思想、更新观念，全面进行项目化课程改造，确立了项目化教材建设的指导理念。

2011年，围绕国家骨干校建设，学院聘请李学锋教授对教师系统培训“基于工作过程系统化的高职课程开发理论”，校企专家共同构建工学结合课程体系，骨干校各重点建设专业分别形成了符合各自实际、突出各自特色的人才培养模式，并全面开展专业核心课程和带动课程的项目导向教材建设工作。

学院整体规划建设的“项目导向系列教材”包括骨干校5个重点建设专业（石油化工生产技术、炼油技术、化工设备维修技术、生产过程自动化技术、工业分析与检验）的专业标准与课程标准，以及52门课程的项目导向教材。该系列教材体现了当前高等职业教育先进的教育理念，具体体现在以下几点：

在整体设计上，摈弃了学科本位的学术理论中心设计，采用了社会本位的岗位工作任务流程中心设计，保证了教材的职业性；

在内容编排上，以对行业、企业、岗位的调研为基础，以对职业岗位群的责任、任务、工作流程分析为依据，以实际操作的工作任务为载体组织内容，增加了社会需要的新工艺、新技术、新规范、新理念，保证了教材的实用性；

在教学实施上，以学生的能力发展为本位，以实训条件和网络课程资源为手段，融教、学、做为一体，实现了基础理论、职业素质、操作能力同步，保证了教材的有效性；

在课堂评价上，着重过程性评价，弱化终结性评价，把评价作为提升再学习效能的反馈工具，保证了教材的科学性。

目前，该系列校本教材经过校内应用已收到了满意的教学效果，并已应用到企业员工培训工作中，受到了企业工程技术人员的高度评价，希望能够正式出版。根据他们的建议及实际使用效果，学院组织任课教师、企业专家和出版社编辑，对教材内容和形式再次进行了论证、修改和完善，予以整体立项出版，既是对我院几年来教育教学改革成果的一次总结，也希望能够对兄弟院校的教学改革和行业企业的员工培训有所助益。

感谢长期以来关心和支持我院教育教学改革的各位专家与同仁，感谢全体教职员工的辛勤工作，感谢化学工业出版社的大力支持。欢迎大家对我们的教学改革和本次出版的系列教材提出宝贵意见，以便持续改进。

辽宁石化职业技术学院　院长　[signature]

2012 年春于锦州

前言

本教材是国家高职院校辽宁石化职业技术学院重点建设生产过程自动化技术专业学习领域教材，是以“突出培养学生的实际操作能力、自我学习能力和良好的职业道德，强调做中学、学中做，逐渐提高学生利用掌握集散控制系统解决控制工程项目的能力、方法”为原则编写的，用于指导“DCS控制系统的构成与操作”课程教学与课程建设。

本教材以基于集散控制系统技术的生产过程控制系统工程案例控制功能实现为主体，以集散控制系统体系组建、项目组态、项目运行调试等应用能力培养为目标，以真实的化工设备为载体进行学习情境设计、子任务设计，采用任务驱动的教学方式组织教学。全书共有两个学习情境，具体内容如下：

情境一：乙酸乙酯DCS控制系统的选型、安装与操作。要求用浙大中控JX-300XP DCS装置设计一套乙酸乙酯的控制系统，根据乙酸乙酯工艺设备清单进行前期统计、硬件选型、设备安装、组态设计以及系统运行调试。通过JX-300XP DCS控制系统实现计算机对乙酸乙酯装置进行实时监控。

情境二：加热炉DCS控制系统的选型、安装与操作。要求用CENTUM-CS3000 DCS装置设计一套加热炉的控制系统，根据工艺流程图进行前期设计、硬件选型、设备安装、组态设计以及系统运行调试。

本教材建议教学学时112学时，本书的教学应在“教、学、做”一体化的实训室内进行，实训室应设有教学区、工作区及资料区，以提高学生的职业能力。全书内容翔实，结构新颖，语言简洁，层次分明，图文并茂，注重配需学生的实践能力，力求符合学生的认知规律。

本书不仅可作为高职高专石油、化工等相关专业的教材，也可供相关专业其他层次的职业技术院校以及企业的工程技术人员使用。

本教材由辽宁石化职业技术学院马菲担任主编、闫妍担任副主编。其中，情境一由马菲编写，情境二由闫妍、冯晓玲和李飞编写。锦州石化公司王艳慧高级工程师、辽宁石化职业技术学院刘玉梅、于辉、陈秀华等老师也提出了建设性意见。同时，本书在编写过程中参考了相关的书籍，从中借鉴了前人的经验，在此表示感谢。全书由马菲统稿，李忠明老师主审。

由于编者水平有限，且编写时间紧迫，书中难免存在疏漏和不足，敬请各位读者批评指正。

编　者

2012年2月

目录

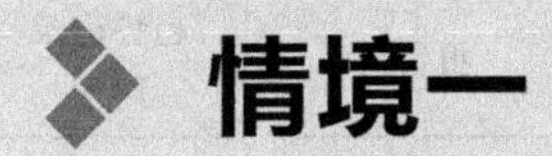

浙江中控 JX-300XP DCS 控制系统在乙酸乙酯项目中的选型、安装与操作

【情景描述】

要求用浙大中控 JX-300XP DCS 装置设计一套乙酸乙酯的控制系统，根据设计要求进行前期统计、硬件选型、设备安装、组态设计以及系统运行调试。通过 JX-300XP DCS 控制系统实现计算机对乙酸乙酯装置进行实时监控。

表 1-1 为乙酸乙酯工艺设备清单。

表 1-1　乙酸乙酯工艺设备清单

序号	位号	描述	名称	量程	报警	趋势记录周期
1	TI-201	反应釜夹套温度	铂热电阻	0～150℃	HI10%;LO5%	低精度并记录 2s
	TI-202	反应釜内部温度	铂热电阻	0～150℃	HI10%;LO5%	低精度并记录 2s
2	TV-201	反应釜反应温度控制	全隔离三相交流调压模块			
	TZ-202	反应釜夹套导热油加热	加热管			低精度并记录 2s
3	TI-301	中和釜釜内温度	铂热电阻	0～150℃	HI10%;LO5%	低精度并记录 1s
	TI-401	筛板塔塔釜温度检测	铂热电阻	0～150℃	HI10%;LO5%	低精度并记录 1s
4	TV-401	筛板塔塔釜温度调压	全隔离三相交流调压模块			
	TZ-401	筛板塔塔釜温度加热	加热管			低精度并记录 1s
5	TI-402	筛板塔第一塔节温度	铂热电阻	0～120℃	HI5%;LO5%	低精度并记录 1s
6	TI-403	筛板塔第二塔节温度	铂热电阻	0～120℃	HI5%;LO5%	低精度并记录 1s
7	TI-404	筛板塔第三塔节温度	铂热电阻	0～120℃	HI5%;LO5%	低精度并记录 1s
8	TI-405	筛板塔第四塔节温度检测	铂热电阻	0～120℃	HI10%;LO5%	低精度并记录 1s

续表

序号	位号	描述	名称	量程	报警	趋势记录周期
9	TI-406	筛板塔塔顶温度	铂热电阻	0～150℃	HI10%;LO5%	低精度并记录1s
10	TI-407	筛板塔回流温度	铂热电阻	0～150℃	HI10%;LO5%	低精度并记录1s
11	TI-408	萃取液罐温度	铂热电阻	0～150℃	HI10%;LO5%	低精度并记录1s
	TV-408	萃取液罐加热电压调节	全隔离三相交流调压模块			
	TZ-408	萃取液罐加热	不锈钢加热管			低精度并记录1s
12	TI-409	萃取剂进料温度	铂热电阻	0～150℃	HI10%;LO5%	低精度并记录1s
13	TI-501	填料塔进料温度	铂热电阻	0～150℃	HI10%;LO5%	低精度并记录1s
14	TI-502	填料塔塔釜温度	铂热电阻	0～150℃	HI10%;LO5%	低精度并记录1s
	TV-502	填料塔塔釜温度控制	全隔离三相交流调压模块			
	TZ-502	填料塔塔釜加热	不锈钢加热管			低精度并记录1s
15	TI-503	填料塔第二塔节温度	铂热电阻	0～150℃	HI10%;LO5%	低精度并记录1s
16	TI-504	填料塔第三塔节温度	铂热电阻	0～150℃	HI10%;LO5%	低精度并记录1s
17	TI-505	填料塔塔顶温度检测	铂热电阻	0～150℃	HI10%;LO5%	低精度并记录1s
18	TI-506	填料塔回流温度检测	铂热电阻	0～150℃	HI10%;LO5%	低精度并记录1s
19	PI-201	反应釜压力检测	压力变送器	0～150kPa	HH120;HI85 LO65;LL0	低精度并记录1s
20	PI-402	筛板精馏塔釜压力	压力变送器	0～150kPa	HH120;HI85 LO65;LL0	低精度并记录1s
21	PI-403	筛板精馏塔顶压力	压力变送器	0～150kPa	HH120;HI85 LO65;LL0	低精度并记录1s
22	PI-502	填料精馏塔釜压力	压力变送器	0～150kPa	HH120;HI85 LO65;LL0	低精度并记录1s
23	PI-503	填料精馏塔顶压力	压力变送器	0～150kPa	HH120;HI85 LO65;LL0	低精度并记录1s
24	LI-402	筛板精馏塔塔釜液位	差压变送器			低精度并记录1s
25	LI-403	1#分液回流罐液位	差压变送器			低精度并记录1s

续表

序号	位号	描述	名称	量程	报警	趋势记录周期
26	LI-407	残液储罐 A 液位	差压变送器			低精度并记录 1s
27	LI-502	填料塔塔釜液位	差压变送器			低精度并记录 1s
28	LI-503	2＃分液回流罐液位	差压变送器			低精度并记录 1s
29	FI-101	1＃冷凝器冷却水流量	防爆电磁流量计			低精度并记录 60s
	FV-101	1＃冷凝器冷却水流量控制	防爆电动调节阀			
30	FI-104	2＃冷凝器冷却水流量	防爆电磁流量计			低精度并记录 60s
	FV-104	2＃冷凝器冷却水流量控制	防爆电动调节阀			
31	FI-105	3＃冷凝器冷却水流量	防爆电磁流量计			低精度并记录 60s
	FV-105	3＃冷凝器冷却水流量控制	防爆电动调节阀			
32	M-101	冷却水泵	防爆式离心泵		ON 报警	低精度并记录 1s
	MV-101	冷却水泵变频控制	三菱变频器			
33	M-102	真空泵	防爆旋片式真空泵			低精度并记录 1s
34	M-201	乙酸输送泵	磁力驱动齿轮泵			低精度并记录 1s
35	M-202	乙醇输送泵	磁力驱动齿轮泵			低精度并记录 1s
36	M-203	导热油泵	磁力驱动齿轮泵			低精度并记录 1s
37	M-301	1＃进料泵	防爆磁力驱动计量泵		变化频率大于 2s 报警；延时 3s	低精度并记录 1s
	MV-301	1＃进料泵出口流量控制	三菱变频器			
38	M-401	萃取液泵	防爆磁力驱动计量泵			低精度并记录 1s
	MV-401	萃取液泵出口流量控制	三菱变频器			
39	M-402	1＃回流泵	防爆磁力驱动计量泵			低精度并记录 1s
	MV-402	1＃回流泵控制	三菱变频器			
40	M-501	2＃进料泵	防爆磁力驱动计量泵			低精度并记录 1s
	MV-501	2＃进料泵出口流量控制	三菱变频器			
41	M-502	2＃回流泵	防爆磁力驱动泵			低精度并记录 1s
	MV-502	2＃回流泵控制	三菱变频器			
42	M-601	反应釜电机调速	三菱变频器			低精度并记录 1s
	MV-601					
43	M-602	中和釜电机调速	三菱变频器			低精度并记录 1s
	MV-602					

设计要求：控制系统由一个控制站、一个工程师站、三个操作站组成。

【项目完成思路】

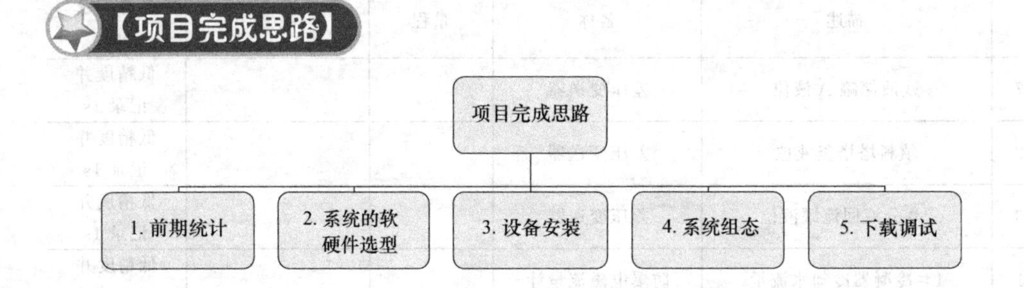

任务一　JX-300XP DCS 系统软硬件的认知

【任务描述】

认识浙大中控 JX-300XP DCS 系统相关软硬件，掌握包括现场控制站、工程师站、操作员站以及过程控制网络等的相关软硬件。

【知识链接】

1. 系统基本硬件

JX-300XP DCS 系统由现场控制站、工程师站、操作员站、过程控制网络等组成。如图 1-1 所示。

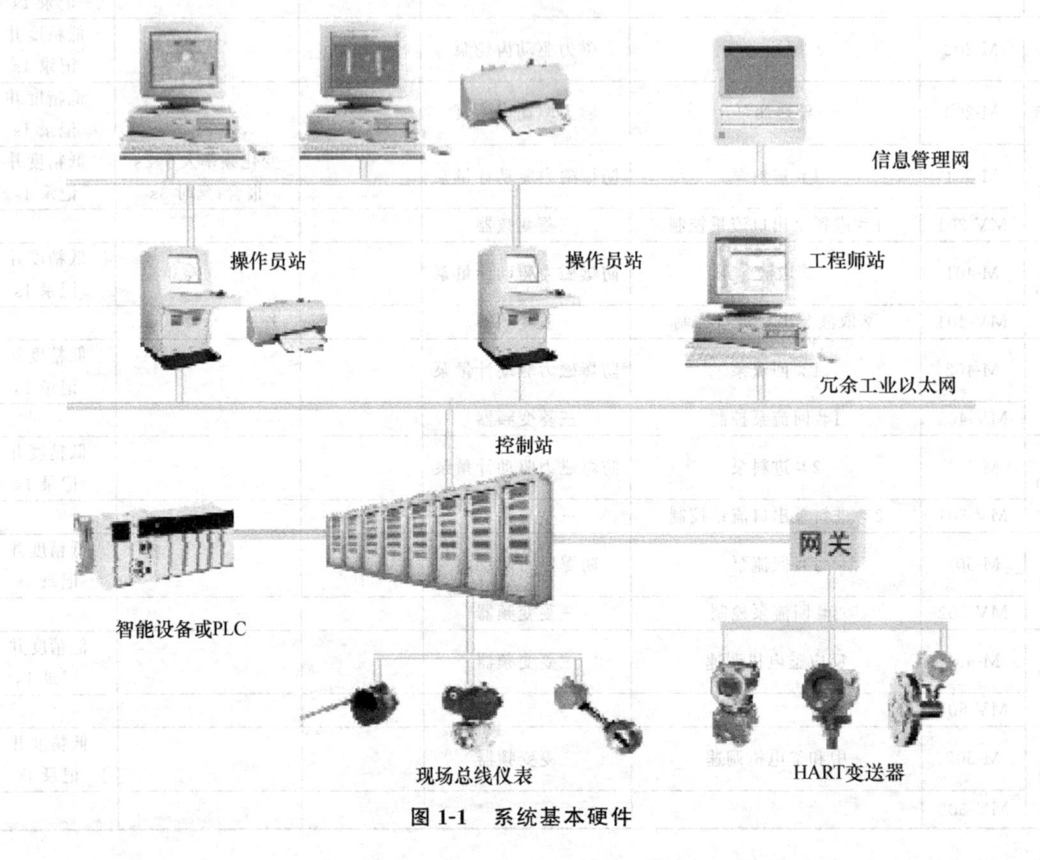

图 1-1　系统基本硬件

(1) 控制站部件

现场控制站是系统中的 I/O 处理单元，完成整个工业过程的现场数据采集及控制。主要由机柜、机笼和电源等组成。

① 机柜 XP202（见图 1-2）

图 1-2　机柜 XP202 正反面

- 为拼装结构。
- 尺寸：2100×800×600。
- 散热：风扇散热。
- 外部安装：焊接或螺栓固定。
- 内部安装：架装结构。
- 内含系统接地铜条（2 根）。
- 机柜底部：有可调整尺寸的电缆线入口。

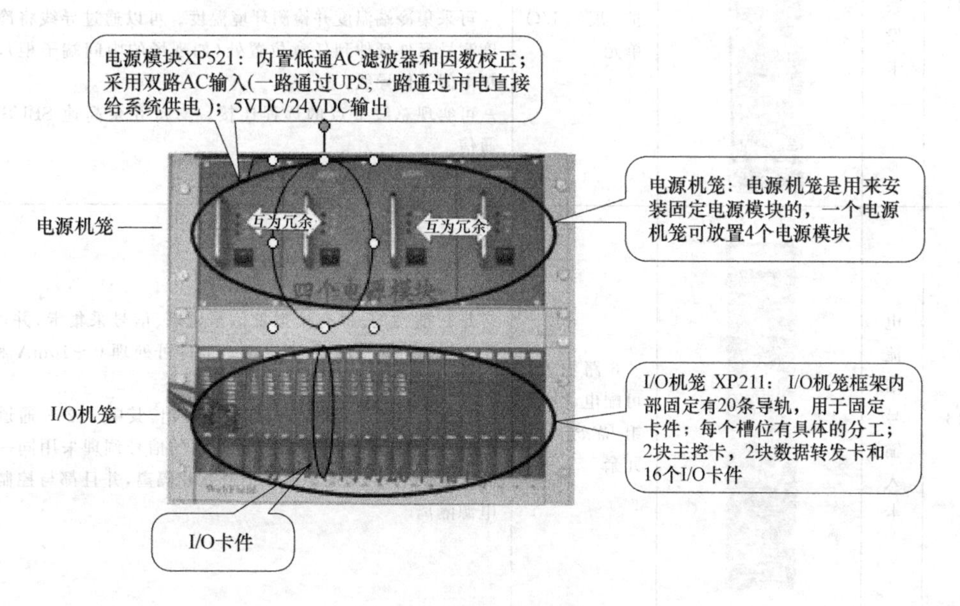
电源模块XP521：内置低通AC滤波器和因数校正；采用双路AC输入(一路通过UPS,一路通过市电直接给系统供电)；5VDC/24VDC输出
电源机笼
互为冗余
互为冗余
电源机笼：电源机笼是用来安装固定电源模块的，一个电源机笼可放置4个电源模块
I/O机笼
I/O机笼 XP211：I/O机笼框架内部固定有20条导轨，用于固定卡件；每个槽位有具体的分工；2块主控卡，2块数据转发卡和16个I/O卡件
I/O卡件

图 1-3　机笼 XP211 正面

• 安装容量：1个电源机笼、4个I/O机笼、4个电源模块和相关的端子板、2个交换机、1个交流配电箱。

② 机笼XP211（见图1-3） 机笼分为电源机笼和I/O机笼。电源机笼采用热插拔结构，方便电源安装和维护；I/O机笼用于安装系统卡件与各类I/O卡件，采用方便插拔卡件、容易扩展的带导轨的机笼框架结构。

③ 卡件

a. 控制站卡件类别分为主控卡、数据转发卡和I/O卡件。卡件一览表如表1-2所示。

表1-2 常用的I/O卡件

型号	名称	图例	性能	知识点
XP243	主控制卡		负责采集、控制和通信等,10Mbps	是控制站的软硬件核心,负责协调控制站内的所有软硬件关系和各项控制任务,主要包括I/O信号处理、控制运算、上下网络通信控制处理、冗余诊断等功能。 采用双微处理器结构。支持冗余或非冗余配置,冗余方式为1∶1热备用。控制回路可达128个(64个常规+64个自定义)。采样控制速率50ms～5s可选;最大可带128块I/O卡,通过SBUS实现就地或远程I/O功能。 内置后备锂电池,用于保护主控制卡断电情况下卡件内SRAM的数据(包括系统配置、控制参数、运行状态等),提高系统安全性和可维护性。在系统断电的情况下,SRAM数据不丢失
XP233	数据转发卡		SBUS总线标准,用于扩展I/O单元	负责主控制卡与I/O卡件之间数据交换,是每个机笼的必备件。 具有WDT看门狗复位功能。支持卡件冗余,可单卡工作。 可对本机笼的供电状况实行自检(上电时地址冲突检测、通道自检功能、SBUS总线故障检测功能)。 可采集冷端温度并检测环境温度。可以通过导线将冷端温度测量元件延伸到任意位置处(如现场的中间端子柜),节约热电偶补偿导线。 可实现总线节点的远程连接。支持冗余高速SBUS总线通信
XP313	电流信号输入卡		6路输入,可配电,分两组隔离,可冗余	是智能型的、带有模拟量信号调理、信号采集卡,并可为6路变送器提供24V隔离电源。卡件可处理0～10mA和4～20mA电流信号。 XP313卡的6路信号调理分为两组,其中1、2、3通道为第一组,4、5、6通道为第二组,同一组的信号调理采用同一个隔离电源供电,两组的电源及信号互相隔离,并且都与控制站的电源隔离

续表

型号	名称	图例	性能	知 识 点
XP313I	电流信号输入卡		6 路输入，可配电，点点隔离，可冗余	是通道隔离型、6 通道电流信号（Ⅱ型或Ⅲ型）输入卡，并可为 6 路变送器提供＋24V 隔离配电电源。XP313I 卡的六通道信号实现通道间隔离，分别用 6 个 DC—DC 实现隔离电源供电，并且都与控制站的电源隔离
XP314	电压信号输入卡		6 路输入，分两组隔离，可冗余	是智能型的、带有模拟量信号调理的信号采集卡，每一路分别可接收Ⅱ型、Ⅲ型标准电压信号、毫伏信号以及各种型号的热电偶信号，将其转换成数字信号送给主控制卡 XP243。当其处理热电偶信号时，具有冷端温度补偿功能
XP314I	电压信号输入卡		6 路输入，点点隔离，可冗余	是智能型的、带有模拟量信号调理的模拟信号采集卡，每一路分别可单独组态并接收各种型号的热电偶以及电压信号，将其调理后再转换成数字信号并通过数据转发器送给主控制卡 XP243
XP316	热电阻信号输入卡		4 路输入，分两组隔离，可冗余	是专用于测量热电阻信号的 A/D 转换卡，每一路分别可接收 Pt100、Cu50 两种热电阻信号，将其调理后转换成数字信号送给主控卡 XP243。 XP316 卡的 4 路信号调理分为两组，其中 1、2 通道为第一组，3、4 通道为第二组，同一组的信号调理采用同一个隔离电源供电，两组的电源及信号互相隔离，并且都与控制站的电源隔离
XP316I	热电阻信号输入卡	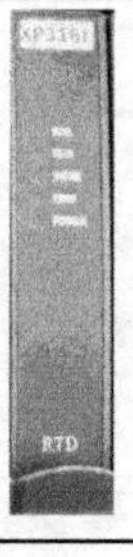	4 路输入，点点隔离，可冗余	是智能型的带有模拟量信号调理的 4 路模拟信号采集卡，每一路分别可单独组态并接收各种型号的热电阻信号，将其调理后再转换成数字信号并通过数据转发器送给主控制卡 XP243

续表

型号	名称	图例	性能	知识点
XP322	模拟信号输出卡		4路输出，点点隔离，可冗余	是电流（Ⅱ型或Ⅲ型）信号输出卡。作为带CPU的高精度智能化卡件，具有自检和实时检测输出状况功能，它允许主控制卡监控正常的输出电流
XP362	晶体管触点开关量输出卡		8路输出，统一隔离	是智能型无源晶体管开关触点输出卡，可通过中间继电器驱动电动控制装置。采用光电隔离。隔离通道部分的工作电源通过DC—DC电路转化而来，不提供中间继电器的工作电源。具有输出自检功能。主要用于阀门开关的联锁保护和通过外挂中间继电器驱动大功率的感性负载等场合
XP363	触点型开关量输入卡		8路输入，统一隔离	是数字量信号输入卡，能够快速响应干触点输入，实现数字信号的准确采集。本卡为智能型卡件，具有卡件内部软硬件（如CPU）运行状况在线检测功能（包括对数字量输入通道工作是否正常进行自检）
XP221	电源指示卡		指示电源工作状态	安装在2～8个机笼的1～2卡位
XP000	槽位保护卡		I/O槽位保护板	也叫空卡

b. I/O 卡件配套端子排。在 JX-300XP 系统中，每一块卡件都需要配套选择一块端子板才能正常使用，I/O 机笼常用接线端子板分为 XP520 和 XP520R 两种。如图 1-4 所示。

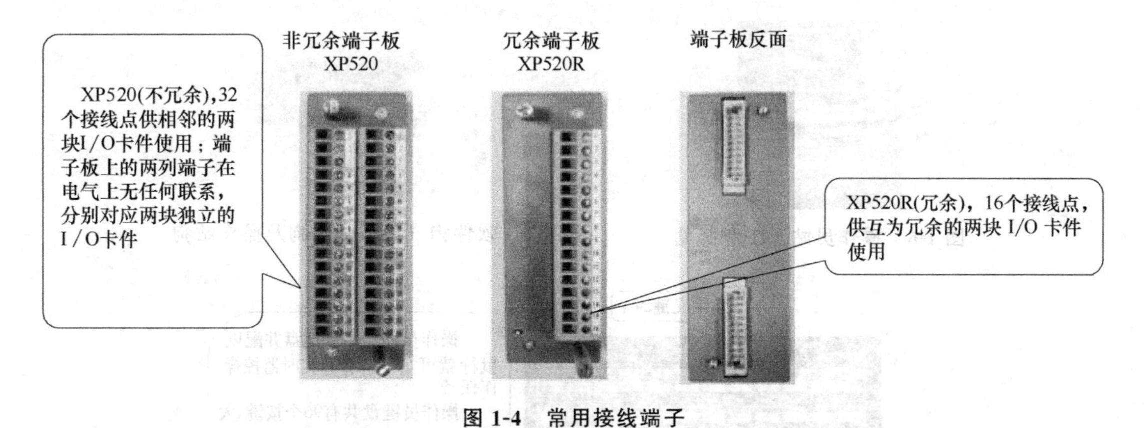

图 1-4　常用接线端子

④ 以太网交换机　集线器可根据网络规模的大小选择共享型 HUB 或交换型 HUB（又称交换机，SWITCH）。以太网交换机 SUP-2118M 具有端口交换、网络速度自适应的功能。是 SCnet Ⅱ网络中连接操作站计算机和控制站主控制卡的通信设备，是对网络进行集中管理的单元。SUP-2118M 型交换机外观如图 1-5 所示。

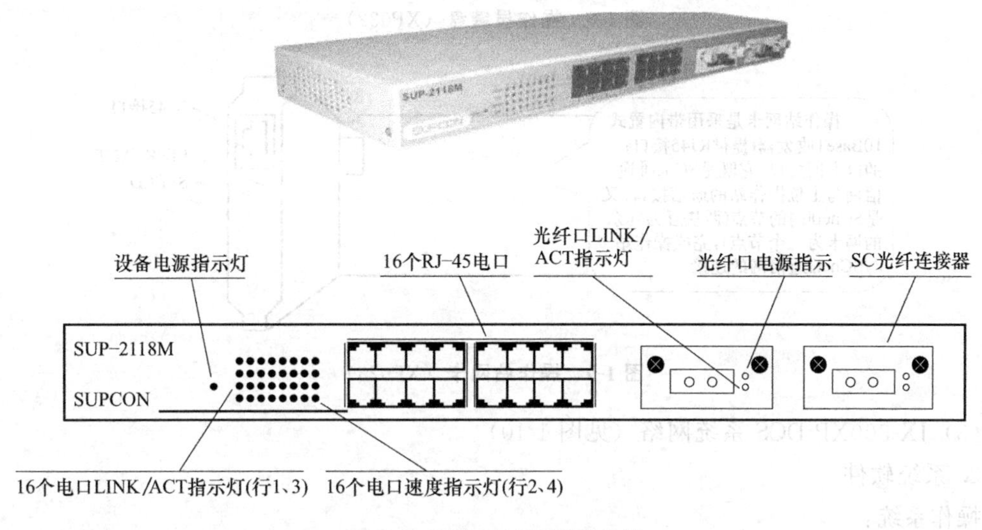

图 1-5　SUP-2118M 型交换机

（2）操作员站、工程师站硬件（见图 1-6～图 1-9）

操作员站的硬件是操作人员完成过程监控管理任务的操作平台。基本组成包括显示器、主机（PC）、操作员键盘（如图 1-8 所示）、鼠标、操作站狗、SCnet Ⅱ网卡、操作台、打印机、Windows 2000/XP 操作系统等以及安装 AdvanTrol-Pro 实时监控软件。

工程师站是为专业工程技术人员设计的，内装有相应的组态平台和系统维护工具，用于工程设计、系统扩展或维护修改。基本组成包括显示器、主机、键盘、鼠标、工程师站狗、Windows 2000/XP 操作系统等以及安装 AdvanTrol-Pro 实时监控软件（XP111）和组态软件包（XP135）。

工程师站硬件配置与操作站硬件配置基本一致，工程师站硬件可代替操作站硬件，区别仅在于系统软件的配置不同，工程师站除了安装有操作、监控等基本功能的软件外，还装有相应的系统组态、系统维护等应用工具软件。

图 1-6 操作员站及工程师站

图 1-7 软件狗（工程师站狗及操作站狗）

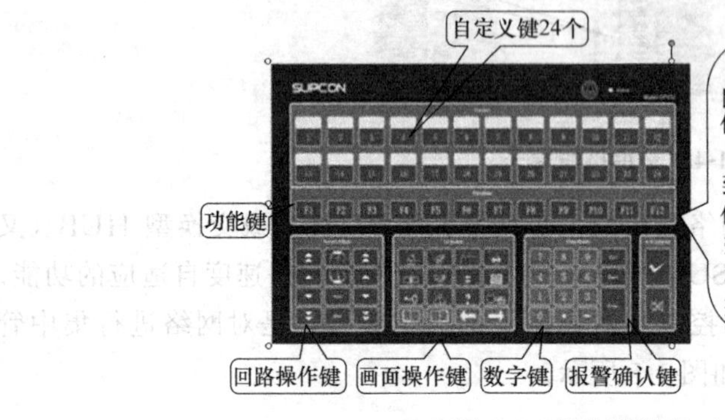

图 1-8 操作员键盘（XP032）

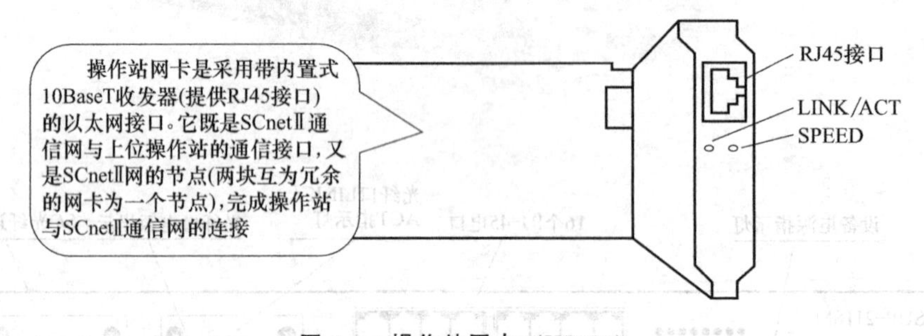

操作站网卡是采用带内置式10BaseT收发器(提供RJ45接口)的以太网接口。它既是SCnetⅡ通信网与上位操作站的通信接口，又是SCnetⅡ网的节点(两块互为冗余的网卡为一个节点)，完成操作站与SCnetⅡ通信网的连接
RJ45接口
LINK/ACT
SPEED

图 1-9 操作站网卡（XP023）

（3）JX-300XP DCS系统网络（见图 1-10）

2. 系统软件

操作系统：

Windows 2000＋SP4 或者 Windows XP

应用软件包名称：

型号：AdvanTrol-Pro（For JX-300XP）

英文名：AdvanTrol-Pro

中文名：中控控制系统软件包

软件包构成：

AdvanTrol 实时监控软件—— 对系统进行实时监控、控制操作、数据采集和管理；

SCKey 系统组态软件——系统参数设置；

SCLang C语言组态软件（简称SCX语言）——控制方案；

SCControl 图形化组态软件——控制方案；

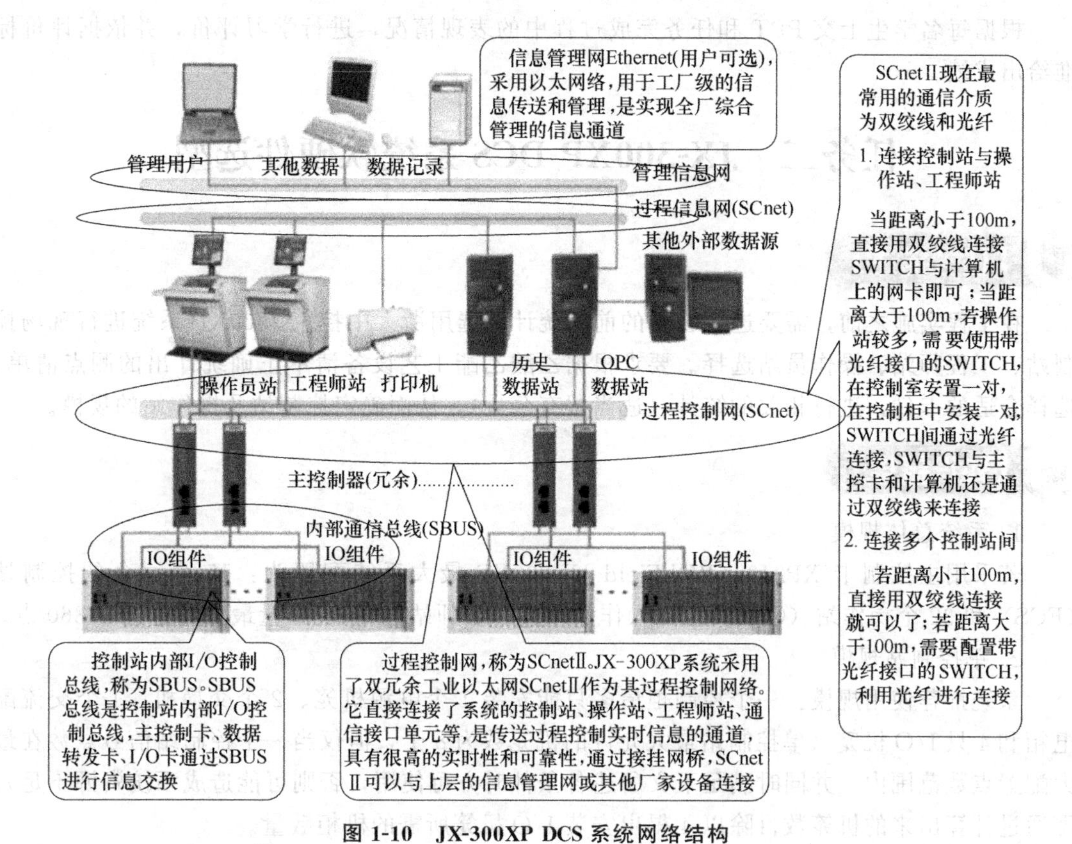

图 1-10　JX-300XP DCS 系统网络结构

SCDraw　流程图制作软件——图形制作；

SCForm　报表制作软件——报表制作；

SCReg　授权管理软件——用户管理。

【任务实施与考核】

任务实施与考核流程：

1. 制作 PPT

每 5～6 人进行随机组合，通过因特网、图书资料和参观乙酸乙酯装置等方式，收集整理 JX-300XP 集散控制系统生产商、产品及应用方面的相关信息，然后制作成 PPT。收集信息包括：

- 掌握浙大中控 JX-300XP DCS 系统硬件由几部分组成；
- 掌握浙大中控 JX-300XP DCS 系统现场控制站的构成；
- 认识浙大中控 JX-300XP DCS 系统常见的几种卡件；
- 认识浙大中控 JX-300XP DCS 过程控制网络相关硬件；
- 掌握浙大中控 JX-300XP DCS 系统软件的组成。

2. 考核验收

根据每名学生上交PPT和任务完成过程中的表现情况，进行学习评价，并依据评价标准给出成绩。

任务二 JX-300XP DCS系统软硬件选型

【任务描述】

在工程实施之前，需要进行合理的前期统计，选用浙大中控JX-300XP系统进行现场控制站、工程师站、操作员站选择。要求根据乙酸乙酯工艺设备清单正确统计出的测点清单、选择合适的卡件，进行相关的统计（适当留有余量），从而确定控制站及操作站的规模。

【知识链接】

1. 系统总体规模

若采用主控制卡XP243，WebField JX-300XP最大系统配置为：15个冗余的控制站（FCS）和32个操作站（OPS，包括操作员站或工程师站），系统容量最大可达到15360点。

2. 单控制站规模

系统推荐使用规模：一个控制柜最多只能安装1个电源机笼、2个交换机、1个交流配电箱和4只I/O机笼（单控制站最大允许的机笼数为8个，但仅当一个控制站信号点数在最大配置点数范围内，并同时满足下文所述各条件时方可使用，否则可能造成系统资源不足）。即通过计算出来的机笼数目除以4得出安装I/O机笼所需的机柜数量。

3. 系统电源单体

系统电源单体为双输出电源模块（电源模块同时输出5V、24VDC），严禁系统电源给非系统设备供电。单个电源模块150W，电源模块供电时一般要求冗余配置。

4. I/O单元规模

每个机笼最多可配置20块卡件，即除了最多配置一对互为冗余的主控制卡和数据转发卡之外，还可最多配置16块各类I/O卡件。每个机笼内，I/O卡件均可按冗余或不冗余方式进行配置。在每一机笼内，I/O卡件均可按冗余或不冗余方式配置，数量在卡件总量不大于16的条件下不受限制，即将所得的总的I/O卡件数目除以16得到需要配置的机笼数目。

5. I/O卡信号分组

系统I/O卡件中，XP313、XP314卡件都是6点信号卡，其内部分为3通道一组，单块卡件共两组。为提高I/O卡件工作的稳定性，减少卡件各通道之间信号的相互影响，实际使用中，推荐XP313、XP314卡件同组内信号特点应尽量保持一致，即XP313同一组中，信号全为Ⅱ型、Ⅲ型配电、Ⅲ型不配电三种模式中的某一种，XP314卡件同组内信号全为小信号（热偶、毫伏信号）、大信号（0～5V、1～5V）中的某一种。

6. 点点隔离卡的选用

JX-300XP系统有点点隔离型AI卡件，该类卡件各通道都配有独立的DC/DC电路，实现了通道间电源的完全隔离，使用方法与组组隔离型卡件基本相同。

点点隔离型卡件（XP313I、XP314I、XP316I）主要面向现场信号间存在明显差模电压的应用环境，推荐使用场合：火电、热电、冶金、建材（如水泥生产）等项目。

7. 单控制站自定义变量限制

单个控制站各类变量总数为：一字节变量 2048 个，二字节变量 2048 个，四字节变量 512 个，八字节变量 256 个，自定义回路 64 个。

8. 主控制卡 XP243 规模

一块主控卡最大配置：8 个 I/O 单元；8 对数据转发卡；16×8 块卡件；AI 模入点数≤384/站；AO 模出点数≤128/站；DI 开入点数≤1024/站；DO 开出点数≤1024/站；控制回路 128 个/站（其中 BSC、CSC 之和最大不超过 64 个，常规控制回路不超过 64 个）。要求冗余配置。

注：BSC 为自定义单回路、CSC 为自定义串级回路。

9. 数据转发卡 XP233 规模

可配置互为冗余的两块数据转发卡，数据转发卡是每个机笼必配的卡件，即机笼数目乘以 2 就得到数据转发卡的数目。

10. 电流信号输入卡

一般情况下，同一块卡件只能测量同一类信号。配置时遵循以下公式：

$$电流输入卡块数=\frac{电流信号测点个数}{6}(若有小数则进位取整),若冗余配置则块数\times 2$$

11. 电压信号输入卡

一般情况下，同一块卡件只能测量同一类信号（一块卡件中不要既有 K 型热电偶又有 S 型热电偶或是其他的混用情况）。配置时遵循以下公式：

$$电压输入卡块数=\frac{电压信号测点个数}{6}(若有小数则进位取整),若冗余配置则块数\times 2$$

12. 热电阻信号输入卡

一般情况下，同一块卡件只能测量同一类信号。配置时遵循以下公式：

$$热电阻输入卡块数=\frac{热电阻信号测点个数}{4}(若有小数则进位取整),若冗余配置则块数\times 2$$

13. 模拟量输出卡

配置时遵循以下公式：

$$模拟量输出卡块数=\frac{输出电流信号测点个数}{4}(若有小数则进位取整),若冗余配置则块数\times 2$$

14. 触点型开关量输入卡

对应的测点为：开关量输入信号。配置时遵循以下公式：

$$开关量输入卡块数=\frac{开关量输入信号测点个数}{8}(若有小数则进位取整)$$

15. 晶体管触点开关量输出卡

对应的测点为：开关量输出信号。配置时遵循以下公式：

$$开关量输出卡块数=\frac{开关量输出信号测点个数}{8}(若有小数则进位取整)$$

16. 端子板

对于没有用到冗余功能的模拟量卡件端子板的配置：XP520＝进位取整（卡件数目除以 2）；对于用到冗余功能的模拟量卡件数目 XP520R＝进位取整（冗余卡件数目除以 2）。

17. 操作站

操作站的硬件以高性能的工业控制计算机为核心，具有超大容量的内部存储器和外部存储器，显示器可以根据用户的需要选择 21″/19″/17″（1″＝1in＝25.4mm）CRT 显示器或 LCD 显示器。操作站通过配置两块冗余 10/100Mbps SCnetⅡ网络适配器，实现与系统过程控制网连接。操作站可以是一机多屏，可以配置专用操作员键盘、鼠标、轨迹球等专用外部设备。

推荐主机：工控机或高档品牌商用机。

推荐主机配置：PIV2.8G/256M/40G/48X。

操作站的规模由工艺要求确定其操作站和工程师站的数量。

18. 集线器（HUB）

集线器可根据网络规模的大小选择共享型 HUB 或交换型 HUB（又称交换机，SWITCH）。部件型号：

XP425-1：SWITCH，16 个 RJ45 接口；XP425-2：SWITCH，24 个 RJ45 接口；XP425A-1：SWITCH，16 个 RJ45 接口，含单口多模光纤扩展模块；XP425B-1：SWITCH，16 个 RJ45 接口，含双口多模光纤扩展模块。

19. 报表打印机（可选）

打印机的选型无特殊要求，支持 Windows 2000 可设置的所有打印机型号。JX-300XP 系统建议采用性能可靠的 EPSON 宽行针式打印机或 HP 宽行激光/喷墨打印机。

20. 操作站软件

300XP 系统使用的软件为 Advantrol-Pro 软件。一般情况下，操作员站只安装实时监控软件（XP111），工程师站安装工程师站组态软件（XP135）。

【任务实施与考核】

任务实施与考核流程：

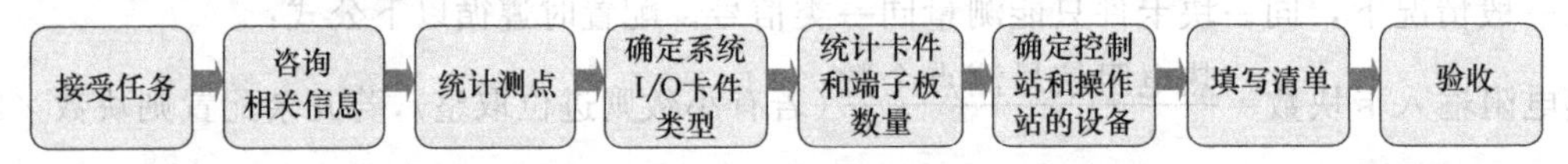

1. 根据乙酸乙酯工艺设备清单正确统计出的测点清单，填写表 1-3。

表 1-3　统计测点

信号类型		参与控制的信号	不参与控制的信号
模拟量输入	4～20mA(配电)		
	4～20mA(不配电)		
	热电偶		
	热电阻		
模拟量输出	4～20mA		
开关量输入信号			
开关量输出信号			

2. 根据测点选择合适的I/O卡件，对于重要的信号点要考虑是否进行冗余配置，填写表 1-4。

表 1-4　测点清单

序号	位号	描述	I/O	类型	选择卡件	序号	位号	描述	I/O	类型	选择卡件
1						3					
2						4					

续表

序号	位号	描述	I/O	类型	选择卡件	序号	位号	描述	I/O	类型	选择卡件
5						34					
6						35					
7						36					
8						37					
9						38					
10						39					
11						40					
12						41					
13						42					
14						43					
15						44					
16						45					
17						46					
18						47					
19						48					
20						49					
21						50					
22						51					
23						52					
24						53					
25						54					
26						55					
27						56					
28						57					
29						58					
30						59					
31						60					
32						61					
33						62					

3. 根据测点清单来统计卡件和端子板数量（适当留有余量），填写表 1-5。

表 1-5　测点统计

信号类型		点数	卡件型号	卡件数目	配套端子板	端子板数目
模拟量信号	电流信号					
	热电偶信号					
	热电阻信号					
	模拟量输出信号					
开关量信号	开关量输入信号					
	开关量输出信号					
总计					XP520	
					XP520R	

4. 根据I/O卡件数量和工艺要求确定控制站和操作站的个数，填写表1-6。

表1-6 DCS系统的规模

	序号	设备名称	型号规格	数量
	1	机柜		
	2	I/O机笼		
	3	交换机		
	4	AC配电箱		
	5	电源箱机笼		
	6	电源模块		
	7	主控制卡		
	8	数据转发卡		
	9	电源指示卡		
	10	电流信号输入卡		
	11	电压信号输入卡		
硬件	12	热电阻信号输入卡		
	13	模拟量输出卡		
	14	开入卡		
	15	开出卡		
	16	不冗余端子板		
	17	冗余端子板		
	18	槽位保护卡(空卡)		
	19	操作员键盘		
	20	网卡		
	21	操作站主机		
	22	显示器		
	23	操作台		
	24	打印机台		
	序号	设备名称	型号规格	数量
软件	1	组态软件(含工程师狗)		
	2	实时监控软件(含操作员狗)		
	3	操作系统		

提示：在数量中填写“冗余”用“*2”表示。

5. 考核验收

根据每名学生上交表1-3～表1-6填写情况和任务完成过程中的表现情况，进行学习评价，并依据评价标准给出成绩。

任务三 JX-300XP DCS系统硬件安装

【任务描述】

在完成任务二的基础上，设计乙酸乙酯DCS系统卡件的排布，正确合理地安装现场控制站、操作站和网络连接及设置。

【知识链接】

1. 卡件排布规范

（1）信号点分配到各控制站遵循的原则

① 同一工段的测点尽量分配到同一控制站。

② 同一控制回路需要使用到的测点必须分配在同一控制站。

③ 同一联锁条件需要使用到的测点必须分配在同一控制站。

④ 按照标准测点清单进行信号点分配及测点统计。

⑤ 条件允许的条件下，在同一控制站中留有几个空余槽位，为设计更改留余量。

（2）同一控制站测点分配遵循的原则

① 模入测点按照测点类型顺序排布。按照温度（TI）—压力（PI）—流量（FI）—液位（LI）—分析（AI）—其他 AI 信号—AO 信号—DI 信号—DO 信号—其他类型信号的顺序分配信号点，信号点按字母顺序从小到大排列，不同类型信号之间（温度、压力等）空余 2～3 个位置，填上空位号；配电与不配电信号不要设置到不隔离的相邻端口上，最好放置在不同卡件上。

② 同一类型卡件尽量放置在同一机笼中。

③ 热备用卡件组在同类型卡件的最后。

2. 现场控制站

（1）机柜安装（见图 1-11）

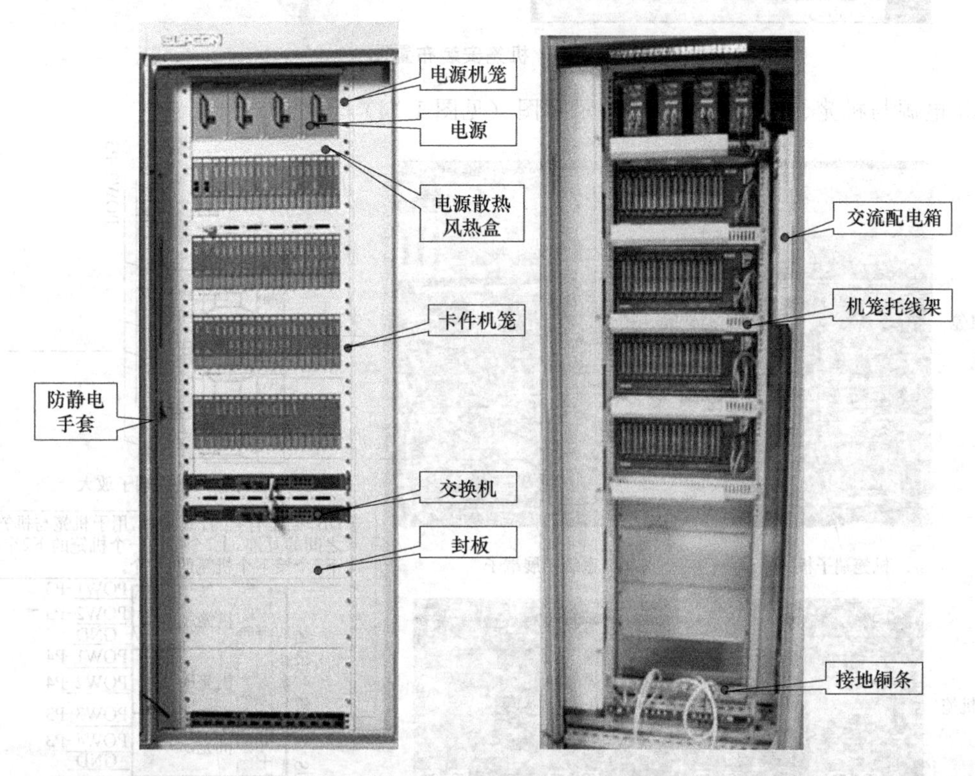

注：机柜内的每个子部件（包括机柜门）电气上均为连通，机柜底部安装有两根接地铜条，机柜正面的接地铜条接系统保护地 PE；背面的接地铜条为系统工作地 E，（PE 为壳，E 电气分开）以保证机柜使用过程中的可靠性，提高系统的抗干扰能力。

图 1-11　机柜正面部件安装布置图和机柜背面部件安装布置图

（2）机笼安装

① 电源机笼的安装（见图1-12）

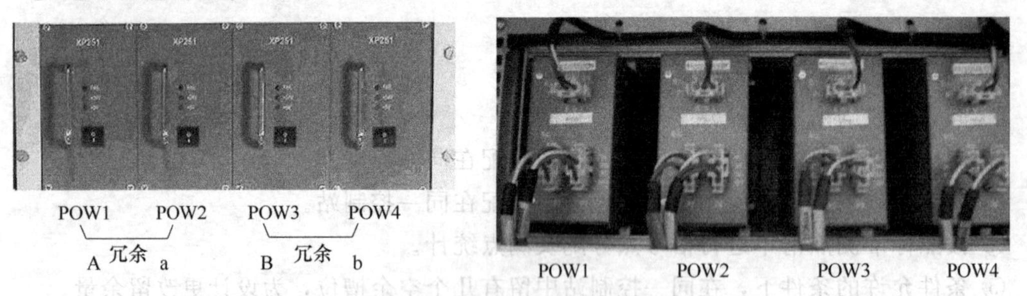

图1-12 电源正反面分配示意图

② I/O机笼的安装（见图1-13）

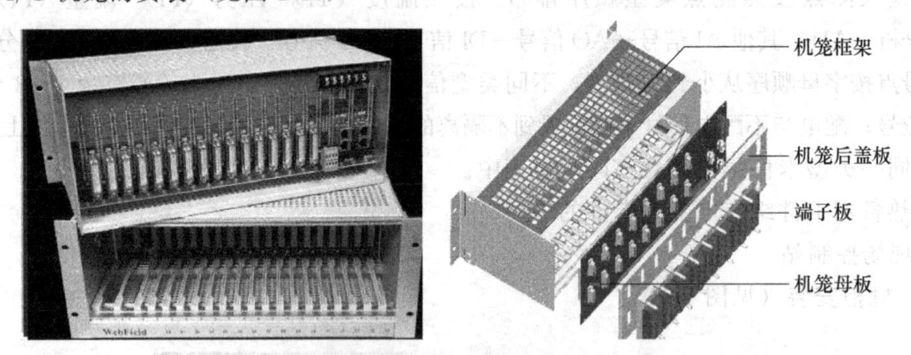

图1-13 机笼安装布置图

③ 电源与机笼、机笼与机笼连接示意图（见图1-14）

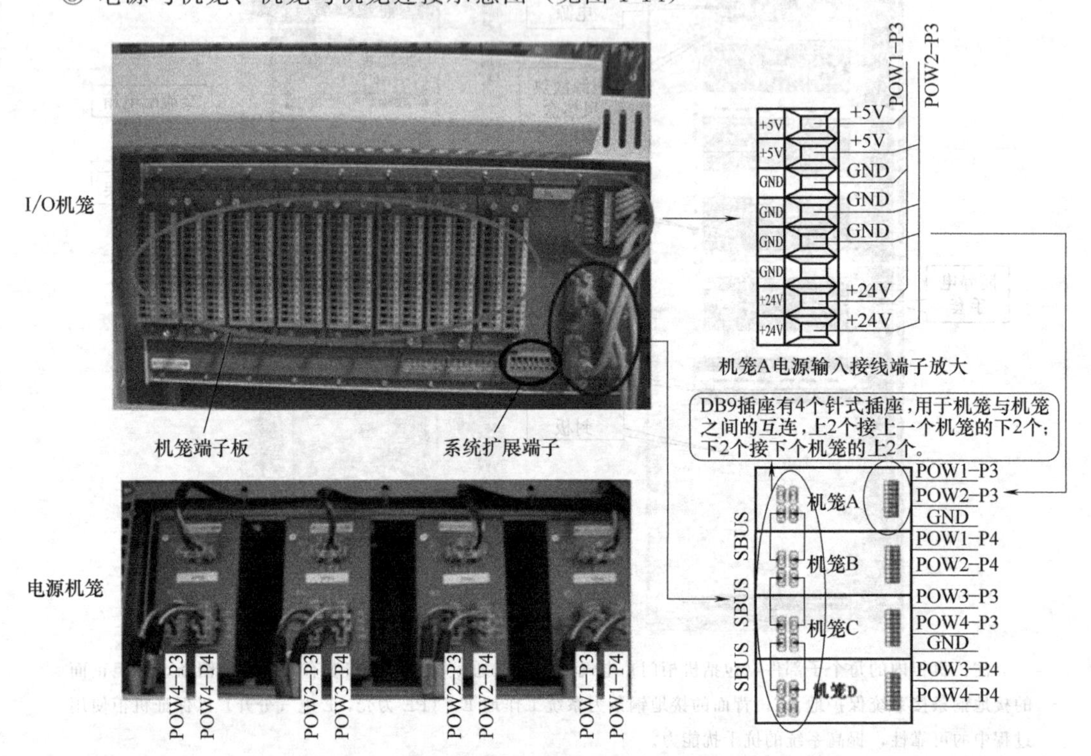

图1-14 电源与机笼连接示意图

④ I/O 机笼内卡件的安装　XP211 是 JX-300XP 系统的机笼，提供 20 个卡件插槽，卡件摆放位置如图 1-15 所示。

安装卡件之前，需要对卡件上的拨号开关或跳线进行正确的设置，保证上电以后，卡件通信正常并处于正确的工作方式。由于卡件中大量地采用了电子集成技术，所以防静电是安装、维护中所必须注意的问题。在插拔卡件时，严禁用手去触摸卡件上的元器件和焊点，安装卡件时必须采取防静电措施（佩戴防静电手环等）。如图 1-16 所示。

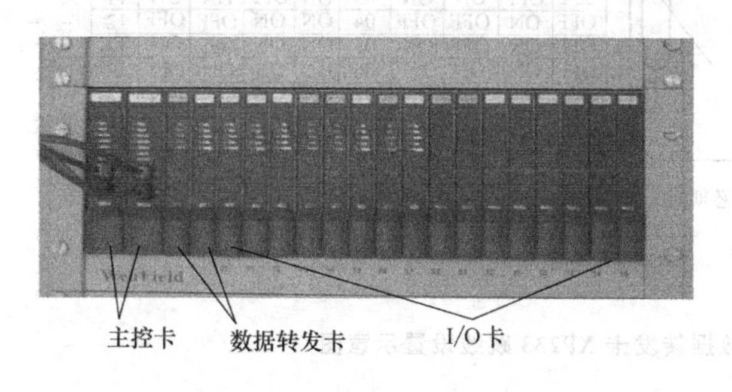

图 1-15　卡件摆放位置图

图 1-16　插拔卡件的正确手势

（3）拨号开关或跳线的设置

① 主控制卡 XP243 的网络节点地址设置　通过主控制卡上拨号开关 SW2 的 S8～S4 采用二进制计数方法读数进行地址设置，其中自左至右代表高位到低位，即左侧 S4 为高位，S8 为低位。拨号开关拨到上部表示“ON”，拨到下部表示“OFF”。其中“ON”表示“1”，“OFF”表示“0”。如图 1-17 所示。

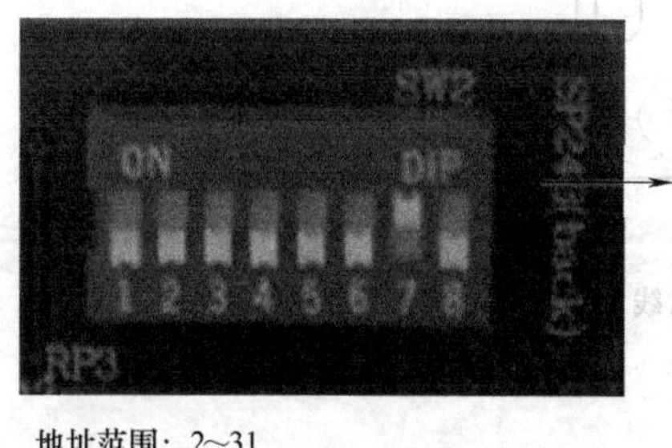

地址范围：2～31

冗余：I(偶数),I+1

| 2 | 3 | | 4 | 5 | | 6 | 7 | | 8 | 9 | …… | 30 | 31 |

单卡：I(偶数)

| 2 | | | 4 | | | 6 | | | 8 | | …… | 30 | |

地址选择SW2			地址			地址选择SW2			地址		
S4	S5	S6	S7	S8		S4	S5	S6	S7	S8	
						ON	OFF	OFF	OFF	OFF	16
						ON	OFF	OFF	OFF	ON	17
OFF	OFF	OFF	ON	OFF	02	ON	OFF	OFF	ON	OFF	18
OFF	OFF	OFF	ON	ON	03	ON	OFF	OFF	ON	ON	19
OFF	OFF	ON	OFF	OFF	04	ON	OFF	ON	OFF	OFF	20
OFF	OFF	ON	OFF	ON	05	ON	OFF	ON	OFF	ON	21
OFF	OFF	ON	ON	OFF	06	ON	OFF	ON	ON	OFF	22
OFF	OFF	ON	ON	ON	07	ON	OFF	ON	ON	ON	23
OFF	ON	OFF	OFF	OFF	08	ON	ON	OFF	OFF	OFF	24
OFF	ON	OFF	OFF	ON	09	ON	ON	OFF	OFF	ON	25
OFF	ON	OFF	ON	OFF	10	ON	ON	OFF	ON	OFF	26
OFF	ON	OFF	ON	ON	11	ON	ON	OFF	ON	ON	27
OFF	ON	ON	OFF	OFF	12	ON	ON	ON	OFF	OFF	28
OFF	ON	ON	OFF	ON	13	ON	ON	ON	OFF	ON	29
OFF	ON	ON	ON	OFF	14	ON	ON	ON	ON	OFF	30
OFF	ON	ON	ON	ON	15	ON	ON	ON	ON	ON	31

注：SW2的S1～S3为系统保留资源，必须为OFF。

图 1-17　主控制卡 XP243 的网络节点地址设置示意图

② 数据转发卡 XP233 跳线设置　地址设置：SW1 的 S1～S4 采用二进制计数方法读数用于设置卡件在 SBUS 总线中的地址，S4 为高位，S1 为低位。跳线用短路块插上为 ON，不插上为 OFF。如图 1-18 所示。

③ 电流信号输入卡 XP313、XP313I 跳线设置和接线端子连接（见图 1-19～图 1-21）

④ 电压信号输入卡 XP314、XP314I 跳线设置和接线端子连接（见图 1-22 和图 1-23）

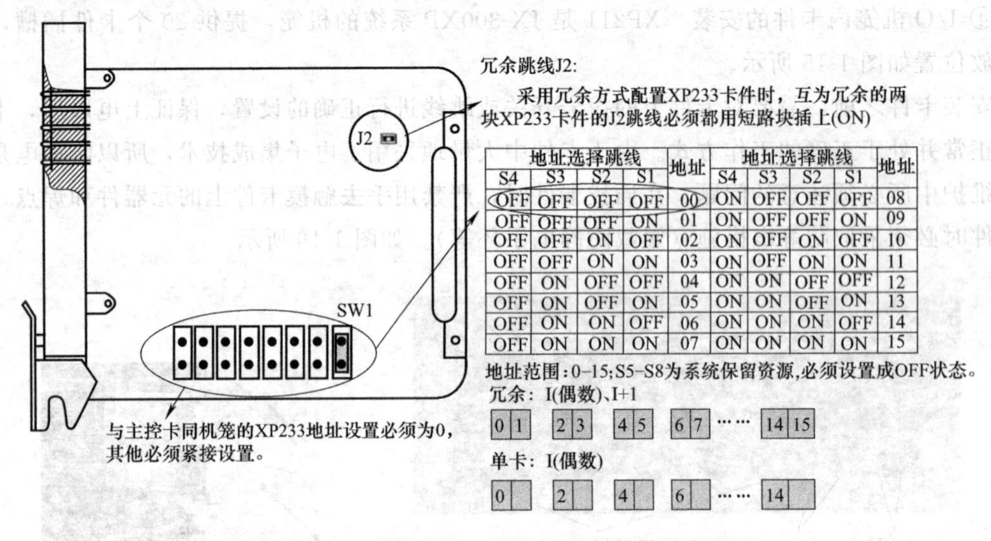

地址选择跳线				地址	地址选择跳线				地址
S4	S3	S2	S1		S4	S3	S2	S1	
OFF	OFF	OFF	OFF	00	ON	OFF	OFF	OFF	08
OFF	OFF	OFF	ON	01	ON	OFF	OFF	ON	09
OFF	OFF	ON	OFF	02	ON	OFF	ON	OFF	10
OFF	OFF	ON	ON	03	ON	OFF	ON	ON	11
OFF	ON	OFF	OFF	04	ON	ON	OFF	OFF	12
OFF	ON	OFF	ON	05	ON	ON	OFF	ON	13
OFF	ON	ON	OFF	06	ON	ON	ON	OFF	14
OFF	ON	ON	ON	07	ON	ON	ON	ON	15

图 1-18 数据转发卡 XP233 跳线设置示意图

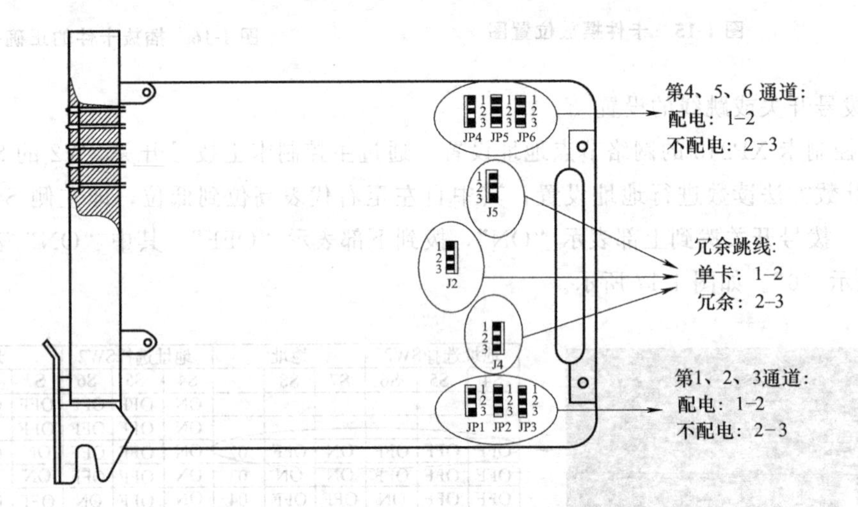

图 1-19 电流信号输入卡 XP313 跳线设置示意图

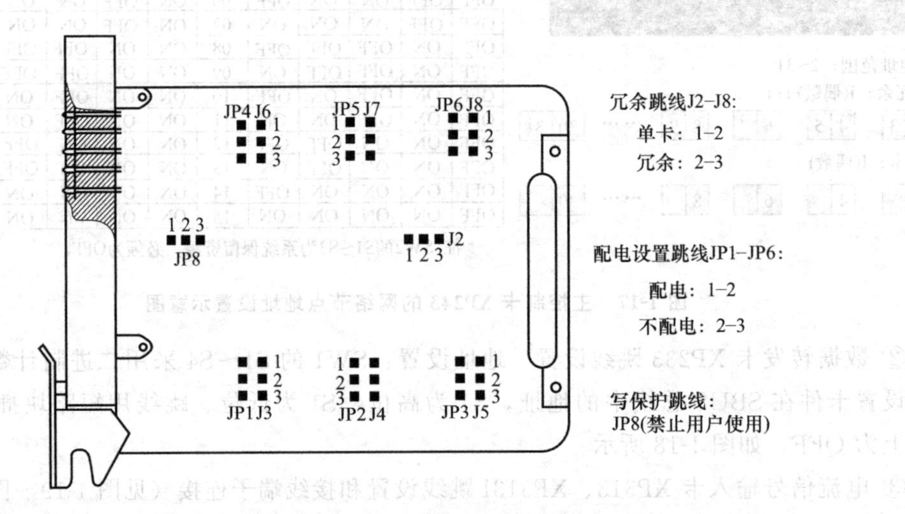

图 1-20 电流信号输入卡 XP313I 跳线设置示意图

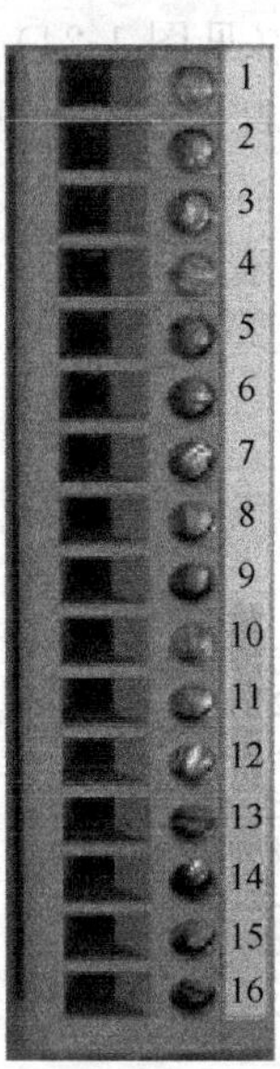

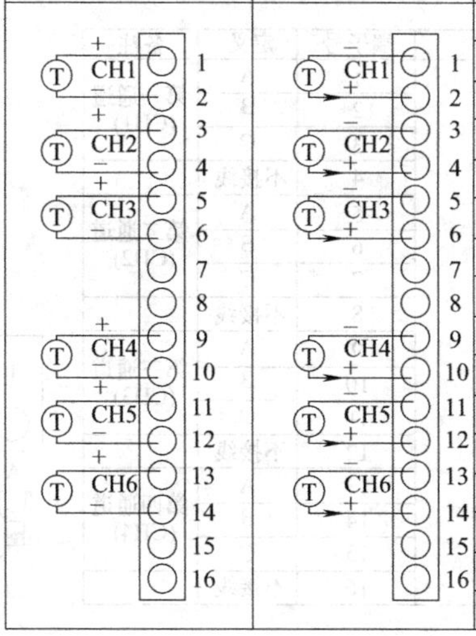

端子号	端子定义		备注
	配电	不配电	
1	+	−	第一通道（CH1）
2	−	+	
3	+	−	第二通道（CH2）
4	−	+	
5	+	−	第三通道（CH3）
6	−	+	
7	不接线	不接线	
8	不接线	不接线	
9	+	−	第四通道（CH4）
10	−	+	
11	+	−	第五通道（CH5）
12	−	+	
13	+	−	第六通道（CH6）
14	−	+	
15	不接线	不接线	
16	不接线	不接线	

图 1-21　电流信号输入卡接线端子连接示意图

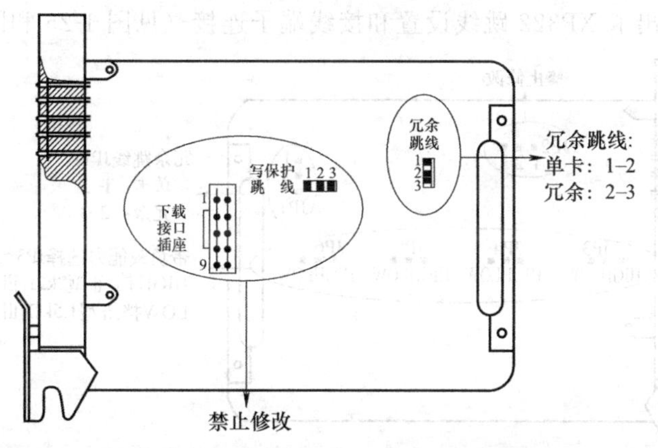

图 1-22　电压信号输入卡 XP314、XP314I 跳线设置示意图

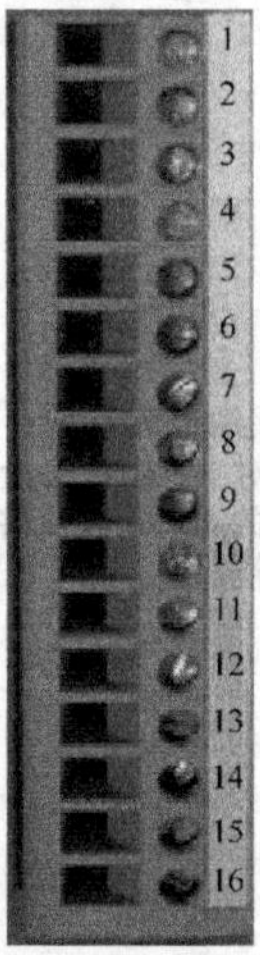

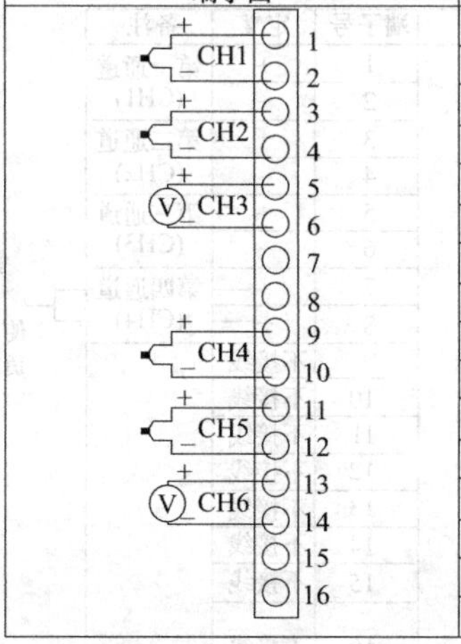

端子号	端子定义	备注
1	+	第一通道（CH1）
2	−	
3	+	第二通道（CH2）
4	−	
5	+	第三通道（CH3）
6	−	
7	不接线	
8	不接线	
9	+	第四通道（CH4）
10	−	
11	+	第五通道（CH5）
12	−	
13	+	第六通道（CH6）
14	−	
15	不接线	
16	不接线	

注：6个通道可接入不同类型的信号，图中只举例第3、6通道为电压信号，其余通道为热电偶信号的情况。

图 1-23　电压信号输入卡接线端子连接示意图

⑤ 热电阻信号输入卡 XP316、XP316I 跳线设置和接线端子连接（见图 1-24） 热电阻信号输入卡 XP316、XP316I 冗余跳线设置如同电压信号输入卡跳线设置。

端子图	端子号	定义	备注
	1	A	第一通道(CH1)
	2	B	
	3	C	
	4	不接线	
	5	A	第二通道(CH2)
	6	B	
	7	C	
	8	不接线	
	9	A	第三通道(CH3)
	10	B	
	11	C	
	12	不接线	
	13	A	第四通道(CH4)
	14	B	
	15	C	
	16	不接线	

图 1-24 热电阻信号输入卡接线端子连接示意图

⑥ 模拟信号输出卡 XP322 跳线设置和接线端子连接（见图 1-25 和图 1-26）

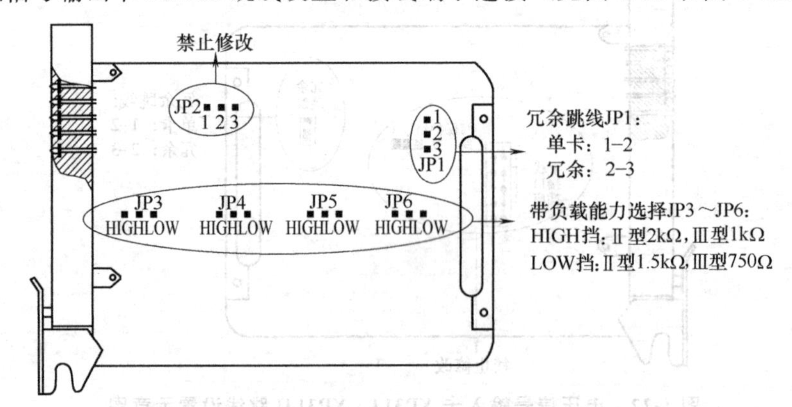

图 1-25 模拟信号输出卡 XP322 跳线设置示意图

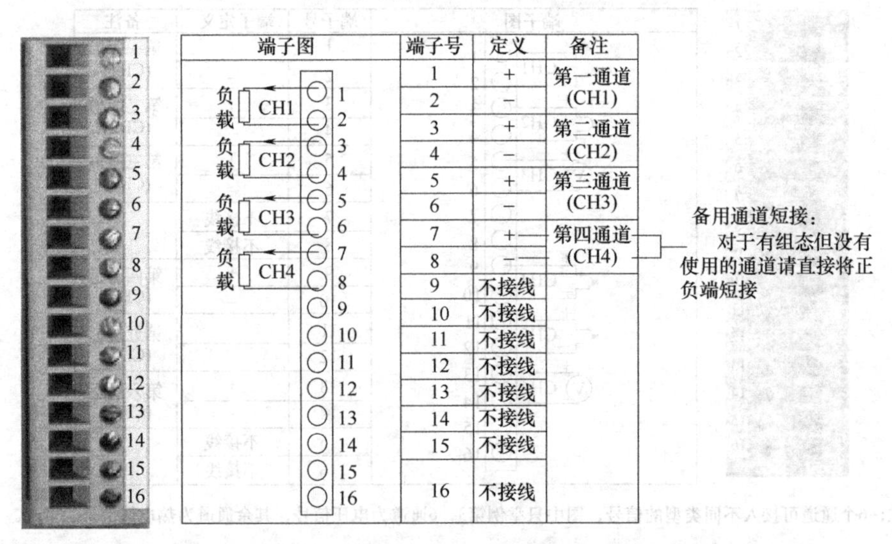

端子图	端子号	定义	备注
	1	+	第一通道(CH1)
	2	−	
	3	+	第二通道(CH2)
	4	−	
	5	+	第三通道(CH3)
	6	−	
	7	+	第四通道(CH4)　备用通道短接：对于有组态但没有使用的通道请直接将正负端短接
	8	−	
	9	不接线	
	10	不接线	
	11	不接线	
	12	不接线	
	13	不接线	
	14	不接线	
	15	不接线	
	16	不接线	

图 1-26 模拟信号输出卡 XP322 接线端子连接示意图

⑦ 晶体管触点开关量输出卡 XP362 跳线设置和接线端子连接（见图 1-27）　晶体管触点开关量输出卡 XP362 冗余跳线 JP102 设置如同电压信号输入卡跳线设置。

端子号	定义	备注
1	+	第一通道(CH1)
2	−	
3	+	第二通道(CH2)
4	−	
5	+	第三通道(CH3)
6	−	
7	+	第四通道(CH4)
8	−	
9	+	第五通道(CH5)
10	−	
11	+	第六通道(CH6)
12	−	
13	+	第七通道(CH7)
14	−	
15	+	第八通道(CH8)
16	−	

图 1-27　晶体管触点开关量输出卡 XP362 接线端子连接示意图

⑧ 触点型开关量输入卡 XP363 跳线设置和接线端子连接（见图 1-28 和图 1-29）

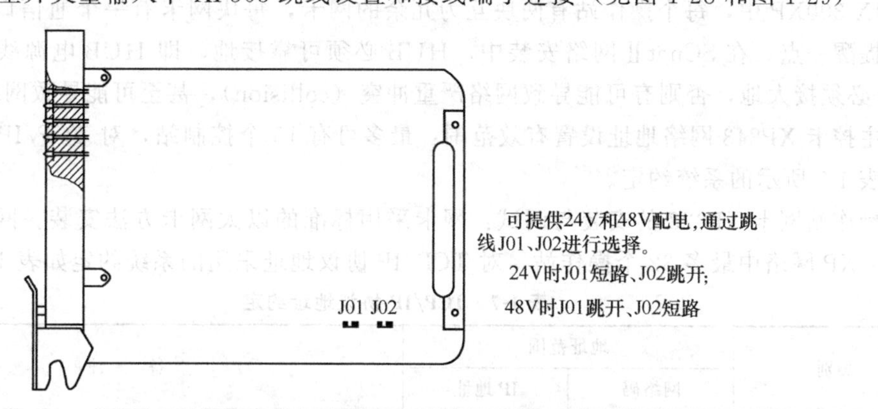

可提供24V和48V配电,通过跳线J01、J02进行选择。
24V时J01短路、J02跳开;
48V时J01跳开、J02短路
J01 J02

图 1-28　触点型开关量输入卡 XP363 跳线设置示意图

端子号	备注
1	第一路(CH1)
2	
3	第二路(CH2)
4	
5	第三路(CH3)
6	
7	第四路(CH4)
8	
9	第五路(CH5)
10	
11	第六路(CH6)
12	
13	第七路(CH7)
14	
15	第八路(CH8)
16	

图 1-29　触点型开关量输入卡 XP363 接线端子连接示意图

(4) 交换机在标准机柜内的安装

在产品的包装盒内有一对耳朵附件，用于把交换机固定在标准机柜内侧的铁架上，如图1-30所示，用螺栓插入铁架的预留孔中，并拧紧螺栓。网络交换机必须可靠接地，即交换机电源线中的地线必须可靠接地（一般与系统接地铜条相连接），否则有可能导致网络严重冲突，甚至可能导致网络通信中断。

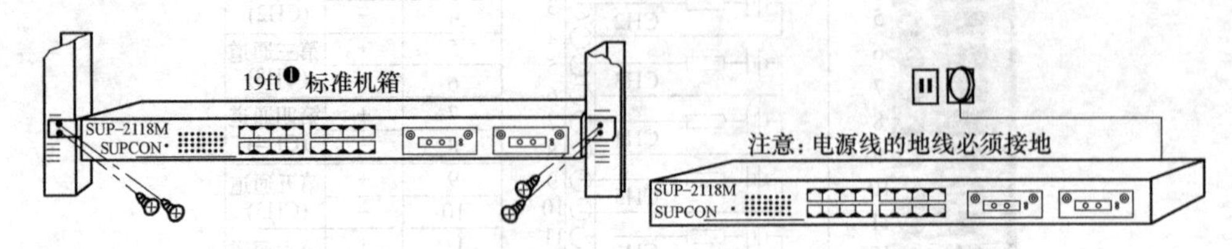

图1-30 交换机在标准机柜内的安装

3. 操作站的安装

主机、显示器、键盘、鼠标、打印机就位，操作台、打印机台中内部线缆捆扎；计算机就位前，应对内部插件进行重新安插，防止运输中插件松动，造成上电时计算机损坏。

4. 通信网络连接

JX-300XP中，每个操作站有两块互为冗余的网卡，每块网卡有一个通信口，在这里还必须提醒一点，在SCnetⅡ网络安装中，HUB必须可靠接地，即HUB电源线中的地线端GND必须接大地，否则有可能导致网络严重冲突（collision），甚至可能导致网络通信中断。

主控卡XP243网络地址设置有效范围：最多可有15个控制站，对TCP/IP协议地址采用如表1-7所示的系统约定。

操作站网卡XP023的安装与调试：网卡采用标准的以太网卡方法安装。网卡地址设置JX-300XP网络中最多32个操作站，对TCP/IP协议地址采用的系统约定如表1-7所示。

表1-7 TCP/IP协议地址约定

类别	地址范围		备注
	网络码	IP地址	
控制站地址	128.128.1	2～31	每个控制站包括两块互为冗余主控制卡。两个冗余主控制卡享有不同的IP地址，两个网络码
	128.128.2	2～31	
操作站地址	128.128.1	129～160	每个操作站包括两块互为冗余网卡。两块网卡享有同一个IP地址，但应设置不同的网络码
	128.128.2	129～160	

网络码128.128.1和128.128.2代表两个互为冗余的网络。在控制站表现为两个冗余的通信口，上为128.128.1，下为128.128.2；在操作站中表现为两块网卡，每块网卡所代表的网络号由IP地址决定。

即IP地址设置为：A网：128.128.1.XXX

B网：128.128.2.XXX

子网掩码：255.255.255.0

若主控卡地址设置为2和3，操作站IP地址为130，则SUPCON系列DCS系统SCnetⅡ网络的连接方法如图1-31所示。

❶ 1ft＝0.3048m。

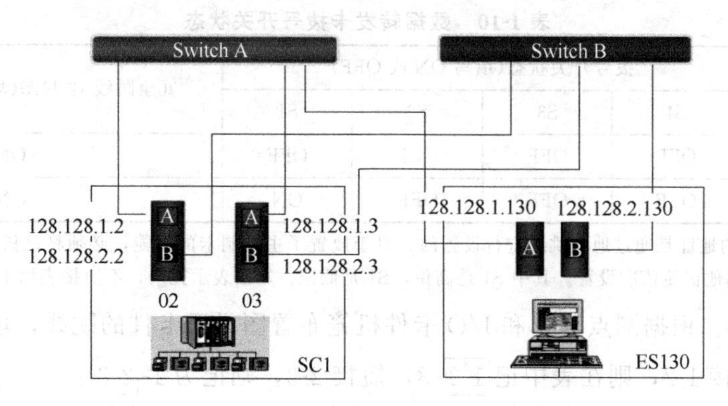

图 1-31　网络连接示意图

【任务实施与考核】

任务实施与考核流程：

1. 控制站机柜安装

控制柜出厂时机柜内的电源箱、机笼等经安装完毕，根据硬件配置表，需清点实际硬件的数量和配置计划是否一致，有无遗漏。

① 据硬件选型及数目的确定，设计 I/O 卡件布置图，填写表 1-8。

表 1-8　I/O 卡件布置图

1	2	3	4	00	01	02	03	04	05	06	07	08	09	10	11	12	13	14	15

1	2	3	4	00	01	02	03	04	05	06	07	08	09	10	11	12	13	14	15

接着按照事先设计好的卡件布置图把卡件插入相应的卡槽里。

② 据设计进行机笼间的连接和端子排的连接。

③ 根据设计的 I/O 卡件布置图，把卡件插入到相应的卡槽内。

④ 设置地址，见表 1-9、表 1-10。

表 1-9　主控卡拨号开关状态

卡件地址 (xx)	拨号开关状态(填写 ON 或 OFF)				
	S4	S5	S6	S7	S8

注：主控卡的地址是通过卡件背板上的拨号开关 SW2 的 S4～S8 进行设置，其中 S4 是高位，S8 是低位。上拨表示 ON，下拨表示 OFF。

表 1-10 数据转发卡拨号开关状态

卡件地址（xx）	拨号开关状态（填写 ON 或 OFF）				冗余跳线 J2 状态（填写 ON 或 OFF）
	S4	S3	S2	S1	
00	OFF	OFF	OFF	OFF	ON
01	OFF	OFF	OFF	ON	ON

注：数据转发卡的地址是通过地址跳线进行设置的，对于放置了主控制卡的机笼，必须将该机笼的数据转发卡的地址设置成 00 和 01，其他机笼依次设置。其中 S4 是高位，S1 是低位。短接表示冗余，不短接表示不冗余。

⑤ 设置跳线：根据测点清单和 I/O 卡件机笼布置图设置卡件的跳线，填写表 1-11。

- 若跳线短接 1-2，则在表中记[1-2]-3，短接 2-3，则记为 1-[2-3]；
- 卡件地址用 XX-XX-XX 表示；
- 卡件所在控制站地址（XX）—所在机笼数据转发卡地址（XX）—所在机笼槽位地址（XX）；
- 表格中选择项，若选中则将□改为■。

表 1-11 卡件设置

<table>
<tr><th>卡件型号</th><th>卡件地址(XX-XX-XX)</th><th colspan="2">卡件跳线及状态</th><th>选择端子板</th></tr>
<tr><td>XP313</td><td></td><td>□单卡 □冗余
J2 1-2-3
J4 1-2-3
J5 1-2-3</td><td>配电跳线
JP1 1-2-3
JP2 1-2-3
JP3 1-2-3
JP4 1-2-3
JP5 1-2-3
JP6 1-2-3</td><td>□ XP520
□XP520R</td></tr>
<tr><td>XP314</td><td></td><td colspan="2">□单卡 □冗余 J2 1-2-3</td><td>□ XP520 □XP520R</td></tr>
<tr><td>XP316</td><td></td><td colspan="2">□单卡 □冗余 J2 1-2-3</td><td>□ XP520 □XP520R</td></tr>
<tr><td>XP322</td><td></td><td>□单卡 □冗余
JP1 1-2-3</td><td>负载能力跳线
JP3 1-2-3
JP4 1-2-3
JP5 1-2-3
JP6 1-2-3</td><td>□ XP520
□XP520R
□ 其他</td></tr>
<tr><td>XP363</td><td></td><td colspan="2"></td><td>□ XP520 □XP520R</td></tr>
<tr><td>XP362</td><td></td><td colspan="2"></td><td>□ XP520 □XP520R</td></tr>
</table>

⑥ 根据要求安装交换机

⑦ 系统供电与接地

标注试验柜接地铜条，机柜正面的接地铜条接________；机柜背面的接地铜条接________。

提示：系统接地铜条分为系统保护地（PE），系统工作地（E）。

2. 操作站安装

计算机、打印机就位，操作台、打印机台中内部线缆捆扎；计算机就位前，应对内部插件进行重新安插，防止运输中插件松动，造成上电时计算机损坏。

3. 网络连接与设置

① 对操作站网卡进行安装。

② 网卡硬件安装完成后，进入 Windows 操作系统设置网卡的 IP 地址，如图 1-32 所示。

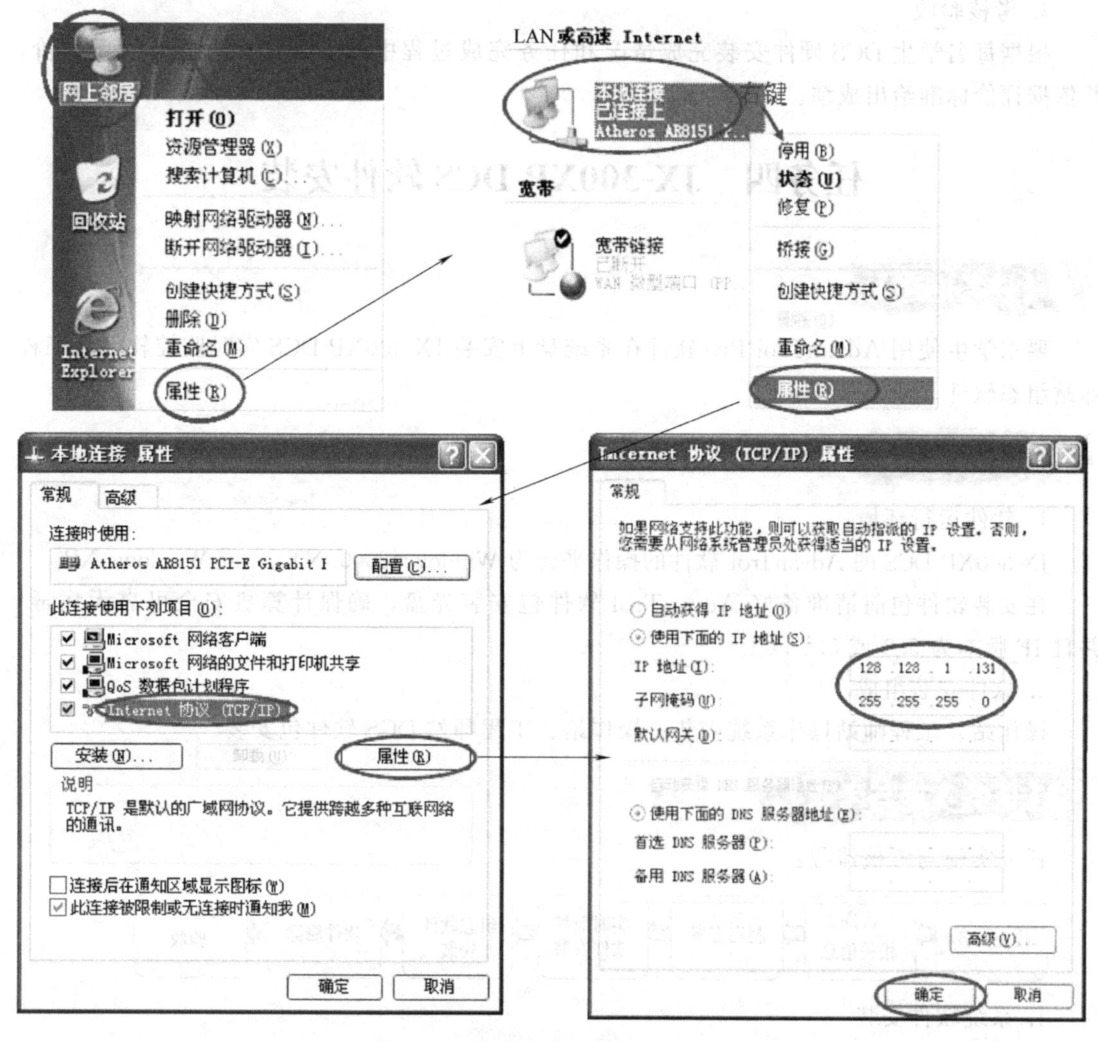

图 1-32　设置网卡的 IP 地址示意图

③ 操作站与控制站之间安装连接，如图 1-33 所示。

④ 对主控制卡的网络节点地址设置，如图 1-34 所示。

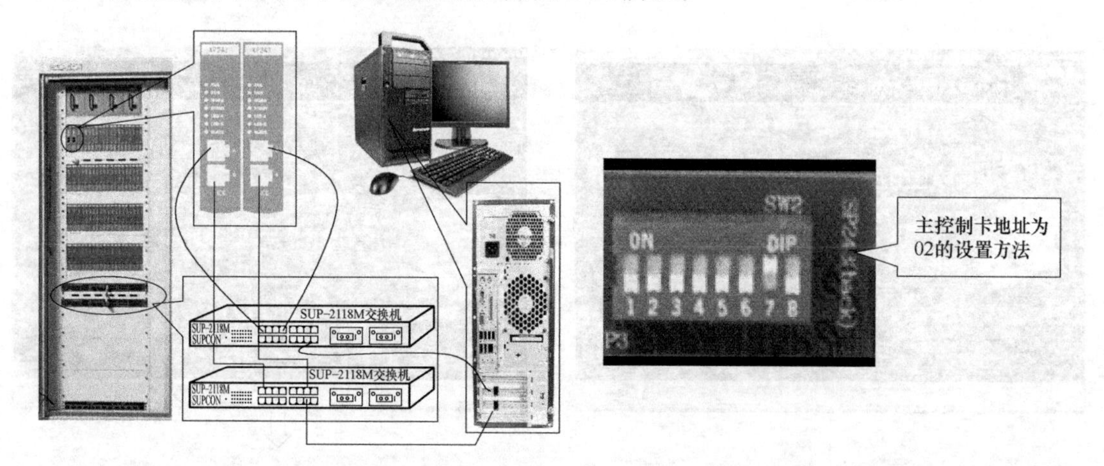

图 1-33　操作站与控制站之间安装连接示意图　　图 1-34　主控制卡的网络节点地址设置示意图

4. 考核验收

根据每名学生 DCS 硬件安装完成情况和任务完成过程中的表现情况，进行学习评价，并依据评价标准给出成绩。

任务四　JX-300XP DCS 软件安装

【任务描述】

要求学生使用 AdvanTrol Pro 软件在系统盘上安装 JX-300XP DCS 实时监控软件和工程师站组态软件。

【知识链接】

1. 软件运行环境

JX-300XP DCS 的 AdvanTrol 软件的操作平台为 Windows 2000/NT4.0 或 Windows XP。

在安装软件包前请准备好 AdvanTrol 软件包安装光盘，确保计算机安全可靠无病毒，并且 IE 版本为 5.0 或 5.0 以上。

2. 软件安装组成

操作站、工程师站操作系统安装；操作站、工程师站 DCS 软件包安装。

【任务实施与考核】

任务实施与考核流程：

1. 系统软件安装

将系统安装盘放入工程师站光驱中，Windows 系统自动运行安装程序或点击 AdvanTrol-Pro 软件中 setup Setup.exe Macrovisi，则出现图 1-35 所示对话框。

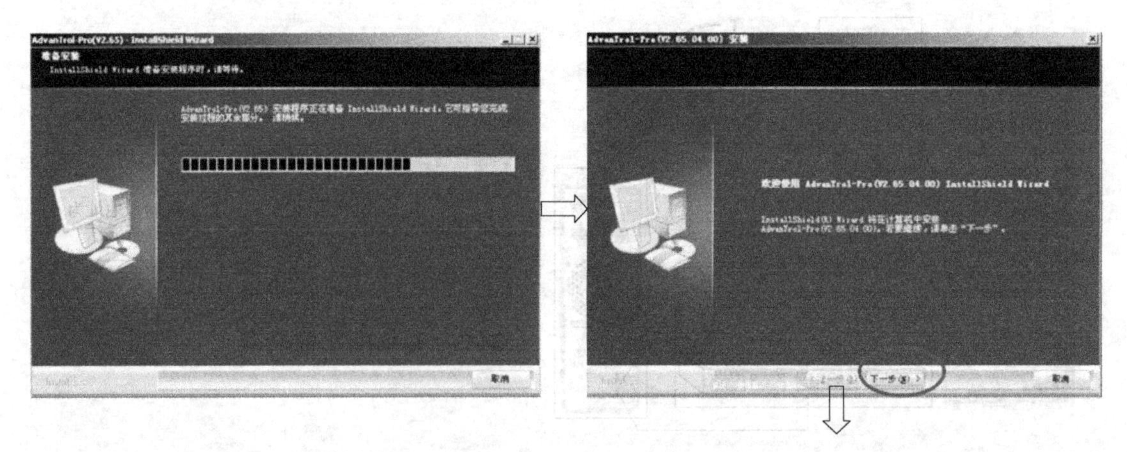

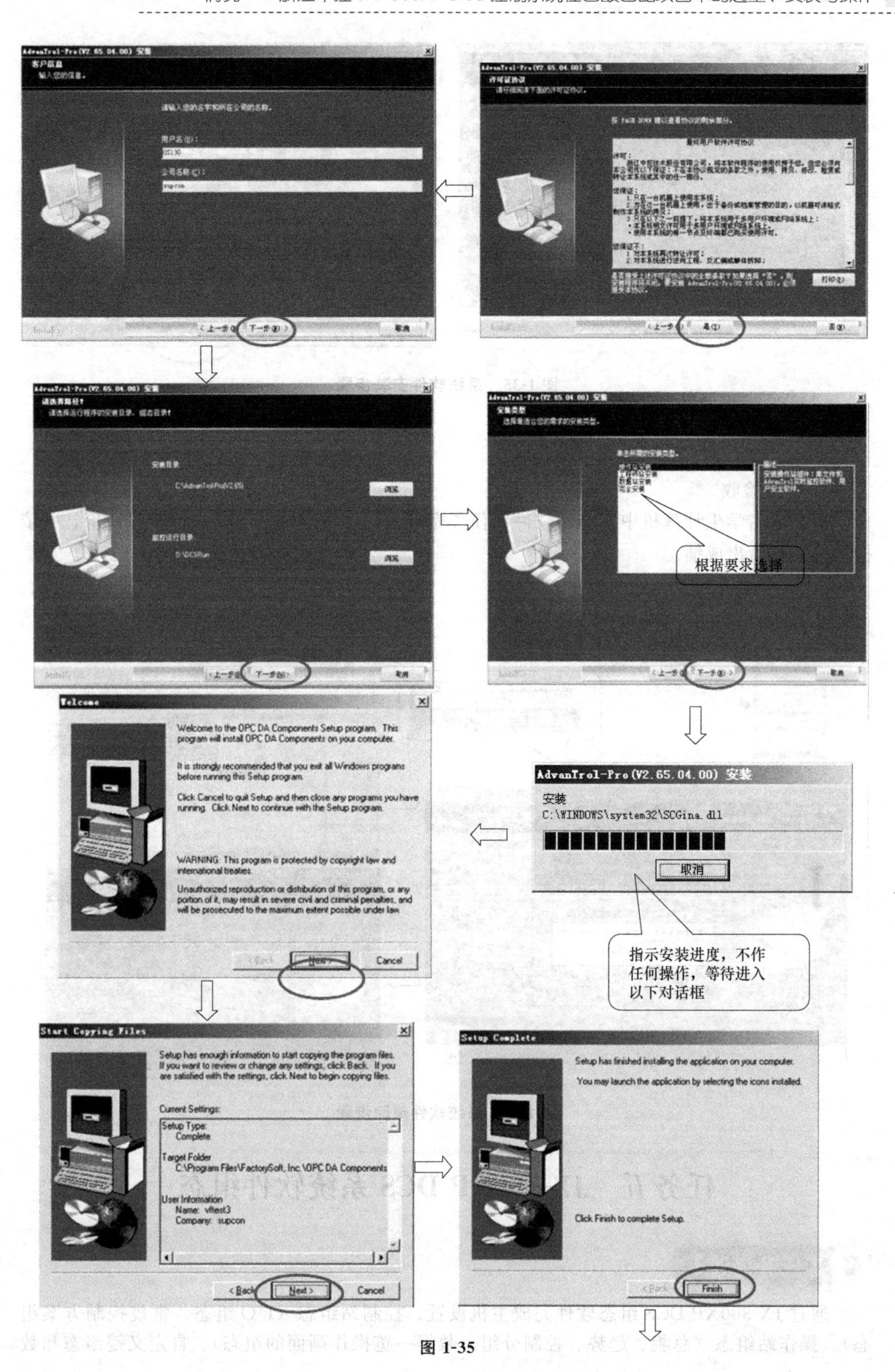
根据要求选择
AdvanTrol-Pro (V2.65.04.00) 安装
安装
C:\WINDOWS\system32\SCGina.dll
取消
指示安装进度，不作任何操作，等待进入以下对话框
Welcome
Welcome to the OPC DA Components Setup program. This program will install OPC DA Components on your computer.
It is strongly recommended that you exit all Windows programs before running this Setup program.
Click Cancel to quit Setup and then close any programs you have running. Click Next to continue with the Setup program.
WARNING: This program is protected by copyright law and international treaties.
Unauthorized reproduction or distribution of this program, or any portion of it, may result in severe civil and criminal penalties, and will be prosecuted to the maximum extent possible under law.
< Back
Next >
Cancel
Start Copying Files
Setup has enough information to start copying the program files. If you want to review or change any settings, click Back. If you are satisfied with the settings, click Next to begin copying files.
Current Settings:
Setup Type:
Complete
Target Folder
C:\Program Files\FactorySoft, Inc.\OPC DA Components
User Information
Name: vftest3
Company: supcon
< Back
Next >
Cancel
Setup Complete
Setup has finished installing the application on your computer.
You may launch the application by selecting the icons installed.
Click Finish to complete Setup.
< Back
Finish

图 1-35

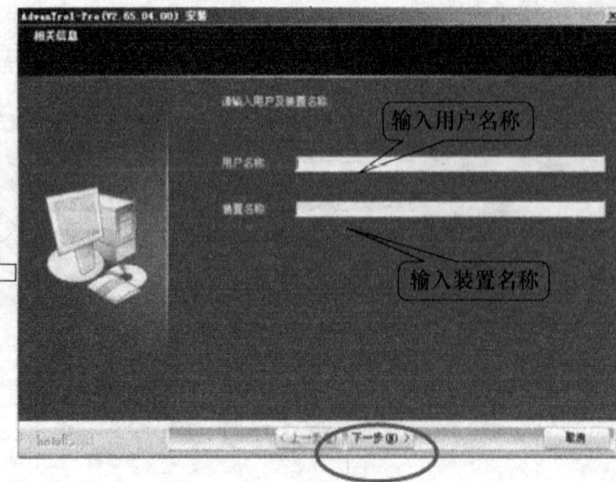

图 1-35　系统软件安装步骤

2. 系统软件删除

删除步骤如图 1-36 所示。

3. 考核验收

根据每名学生计算机中安装的软件和任务完成过程中的表现情况，进行学习评价，并依据评价标准给出成绩。

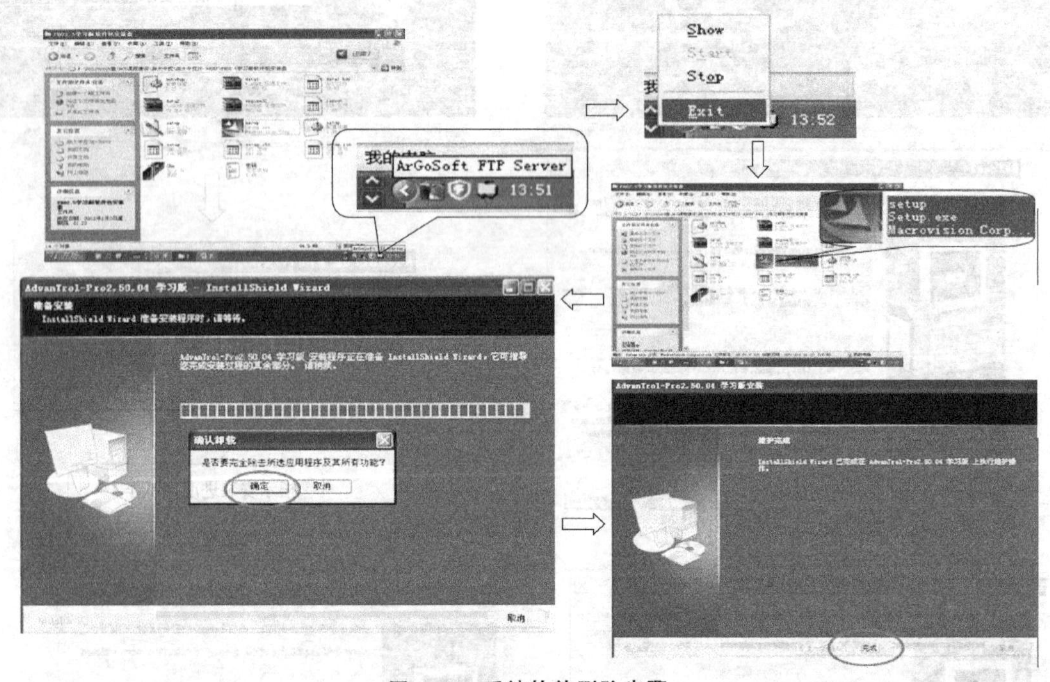

图 1-36　系统软件删除步骤

任务五　JX-300XP DCS 系统软件组态

【任务描述】

通过 JX-300XP DCS 组态软件完成主机设置、控制站组态（I/O 组态、常规控制方案组态）、操作站组态（总貌、趋势、控制分组、数据一览操作画面的组态）、自定义键组态和数据分组分区组态，对完成的系统组态进行保存（到“D：\”，取名为“学号＋姓名＋乙酸乙酯”）和编译。

设计要求：

（1）乙酸乙酯的测点组态要求（见表 1-1）

（2）常规控制方案（见表 1-12）

（3）控制站、操作站及操作小组配置

① 控制站 IP 地址为 02，且冗余配置。

② 工程师站 IP 为 130、操作站 IP 地址为 131、132、133。

表 1-12　常规控制方案

序号	控制方案注释、回路注释		回路位号	控制方案	PV	MV
00	筛板塔塔釜加热控制		TIC401	单回路	TI-401	TV-401
01	萃取剂罐加热控制		TIC408	单回路	TI-408	TV-408
02	填料塔塔釜加热控制		TIC502	单回路	TI-502	TV-502
03	1＃冷凝器冷却水控制		FIC101	单回路	FI-101	FV-101
04	2＃冷凝器冷却水控制		FIC104	单回路	FI-104	FV-104
05	3＃冷凝器冷却水控制		FIC105	单回路	FI-105	FV-105
06	1＃回流泵控制		TIC407	单回路	TI-407	MV-402
07	2＃回流泵控制		TIC506	单回路	TI-506	MV-502
08	反应釜温度控制	反应釜夹套温度控制	TIC201	串级内环	TI-201	TV-201
		反应釜内部温度控制	TIC202	串级外环	TI-202	

③ 操作小组配置见表 1-13。

表 1-13　操作小组配置

操作小组名称	切换等级	操作小组名称	切换等级
反应釜工段	操作员	填料精馏工段	操作员
筛板精馏工段	操作员	工程师	工程师

（4）工程师小组监控操作要求

① 可浏览总貌画面，见表 1-14。

表 1-14　总貌画面

页码	页标题	内　容
1	索引画面	索引：工程师小组所有流程图、所有分组画面、所有趋势画面、所有一览画面
2	系统参数汇总	所有相关 I/O 数据实时状态

② 可浏览分组画面，见表 1-15。

表 1-15　分组画面

页码	页标题	内　容
1	乙酸乙酯控制回路	TIC201、TIC202、TIC401、TIC408、TIC502、FIC101、FIC104、FIC105
2	开关量开出(一)	M-101、M-201、M-202、M-203、M-301、M-401、M-402、M-501
3	开关量开出(二)	M-502、M-102、M-601、M-602、TZ-202、TZ-401、TZ-408、TZ-502

③ 可浏览一览画面，见表 1-16。

表 1-16　一览画面

页码	页标题	内　容
1	输入信号一览表	TI-201、TI-202、TI-401、TI-402、TI-403、TI-404、TI-405、TI-406、TI-407、TI-408、TI-409、TI-501、TI-502、TI-503、TI-504、TI-505、TI-506、PI-201、PI-402、PI-403、PI-502、PI-503、LI-402、LI-403、LI-502、LI-503、FI-101、FI-104、FI-105
2	开出量一览表	M-101、M-201、M-202、M-203、M-301、M-401、M-402、M-501、M-502、M-102、M-601、M-602、TZ-202、TZ-401、TZ-408、TZ-502

④ 可浏览趋势画面，见表 1-17。

每页趋势跨度时间为 3 天 0 小时 0 分 0 秒，要求显示位号描述、位号名和位号量程。

表 1-17 趋势画面

页码	页标题	内 容
1	反应釜温度变化趋势图	TI-201、TI-202
2	筛板塔温度变化趋势图	TI-409、TI-401、TI-402、TI-403、TI-404、TI-405、TI-406、TI-407
3	填料塔温度变化趋势图	TI-501、TI-502、TI-503、TI-504、TI-505、TI-506

⑤ 自定义键

• 数据一览键；

• 翻到趋势画面第 3 页；

• 将 1＃冷凝器冷却水流量控制阀位调到 40％。

⑥ 数据分组分区（见表 1-18）

表 1-18 数据分组分区

数据分组	数据分区	位 号
工程师数据	温度	TI-201、TI-202、TI-401、TI-402、TI-403、TI-404、TI-405、TI-406、TI-407、TI-408、TI-409、TI-501、TI-502、TI-503、TI-504、TI-505、TI-506
	压力	PI-201、PI-402、PI-403、PI-502、PI-503
	流量	FI-101、FI-104、FI-105
	液位	LI-402、LI-403、LI-502、LI-503
	开关量	M-101、M-201、M-202、M-203、M-301、M-401、M-402、M-501、M-502、M-102、M-601、M-602、TZ-202、TZ-401、TZ-408、TZ-502
反应釜工段		
筛板精馏工段		
填料精馏工段		

【知识链接】

1. 系统组态的概念

系统组态是系统组态是通过 SCKey 软件来完成的，是指在工程师站上为控制系统设定各项软硬件参数的过程。系统组态界面如图 1-37 所示。

2. 系统组态的基本功能和设置规范

（1）系统总体组态

系统总体结构组态是确定系统的控制站与操作站。组态中进行的设置必须和实际的硬件配置保持一致。正确地进行主机设置是组态顺利进行下去的基础。

设置规范：

① 主控卡注释规范：SC 机柜编号。

② 工程师站（Engineer Station）：计算机名为“ES＋IP 地址”。

③ 操作员站（Operator Station）：计算机名为“OS＋IP 地址”。

（2）控制站 I/O 组态

根据 I/O 卡件布置图及测点清单的设计要求完成 I/O 卡件及 I/O 点的组态。

数据转发卡注释规范：SC 机柜编号－机笼编号。

位号命名规范：不能为空，不能含有汉字和特殊字符；由字母、_ 和数字组合；以字母、_ 开头；长度不超过 10 个字符；位号不能重复。

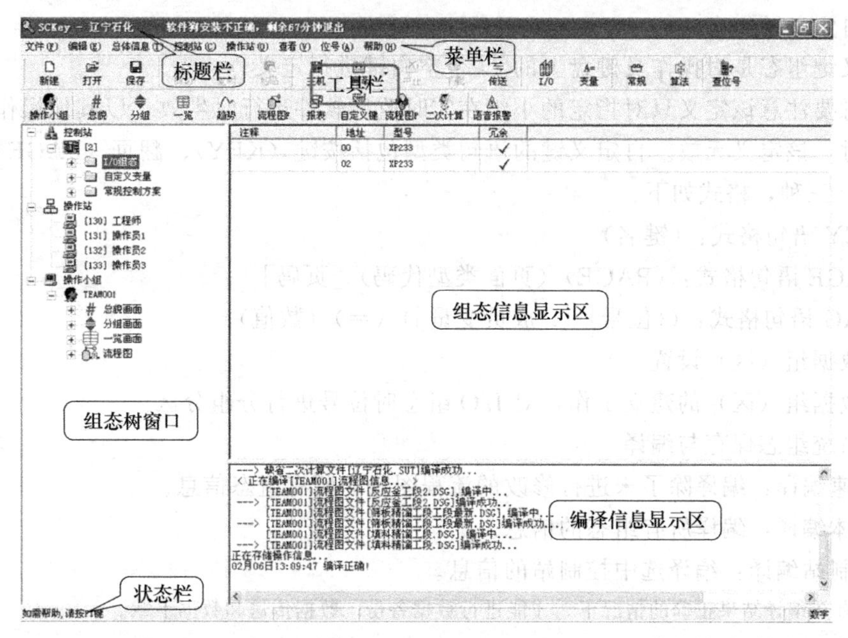

图 1-37　系统组态界面

组态时要注意所有卡件的备用通道必须组上空位号，空位号的命名原则如下。

① 模拟量输入点位号名：AI ＊＊＊＊＊＊＊＊，描述：备用。

② 模拟量输出点位号名：AO ＊＊＊＊＊＊＊＊，描述：备用。

③ 数字量输入点位号名：DI ＊＊＊＊＊＊＊＊，描述：备用。

④ 数字量输出点位号名：DO ＊＊＊＊＊＊＊＊，描述：备用。

“＊＊＊＊＊＊＊＊”中第 1、2 位为主控卡地址，第 3、4 位为数据转发卡地址，第 5、6 位为卡件地址，第 7、8 位为通道地址，地址为整数。

（3）常规控制方案组态

对控制回路的输入输出只是 AI 和 AO 的典型控制方案进行组态。

（4）操作小组设置

对各操作站的操作小组进行设置，不同的操作小组可观察、设置、修改不同的标准画面、流程图、报表、自定义键等。操作小组的划分有利于划分操作员职责，简化操作人员的操作，突出监控重点。

系统提供观察、操作员、工程师、特权四种操作等级。在 AdvanTrol 监控软件运行时，需要选择启动操作小组名称，可以根据登录等级的不同进行选择。当切换等级为观察时，只可观察各监控画面，而不能进行任何修改；当切换等级为操作员时，可修改权限设为操作员的自定义变量、回路、回路给定值、手自动切换、手动时的阀位值、自动时的 MV；当切换等级为工程师时，还可修改控制器的 PID 参数、前馈系数；当切换等级为特权时，可删除前面所有等级的口令，其他与工程师等级权限相同。

设置规范：当需要建立多个操作小组时，建议设置一个总的操作小组包含其他操作小组下的所有内容。

（5）操作站标准画面组态

系统的标准画面组态是指对系统已定义格式的标准操作画面进行组态，其中包括总貌、趋势、控制分组、数据一览和自定义键等操作画面的组态。

(6) 自定义键组态

自定义键组态是对操作员键盘上的24个空白键进行定义。

组态时要注意该定义只对指定的小组在实时监控软件运行时生效，以其他操作小组启动监控软件时，该定义无效。自定义键的语句类型包括按键（KEY)、翻页（PAGE)、位号赋值（TAG）三种，格式如下：

① KEY语句格式：(键名)

② PAGE语句格式：(PAGE)（页面类型代码）[页码]

③ TAG语句格式：({位号}[.成员变量])（=）（数值）

(7) 数据组（区）设置

完成数据组（区）的建立工作，对I/O组态时位号进行分组分区。

(8) 系统组态保存与编译

① 快速编译：编译除了未进行修改的流程图外的所有组态信息。

② 全体编译：编译所有组态的信息。

③ 控制站编译：编译选中控制站的信息。

注：只有在编译结果正确的情况下，才能进行数据备份、数据传送和数据下载。

3. 系统组态的基本过程

如图1-38所示。

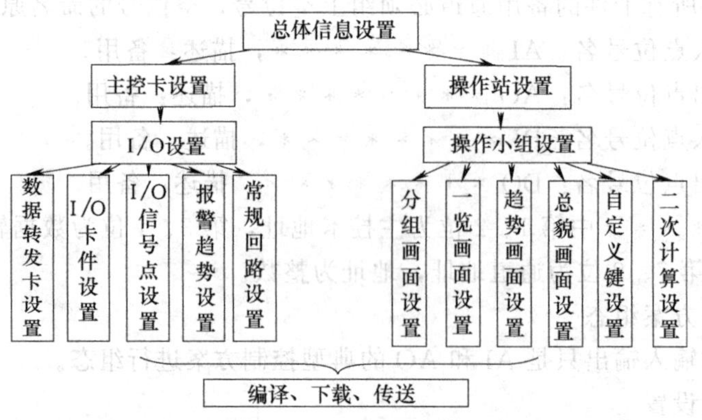

图1-38 系统组态的基本过程

【任务实施与考核】

任务实施与考核流程：

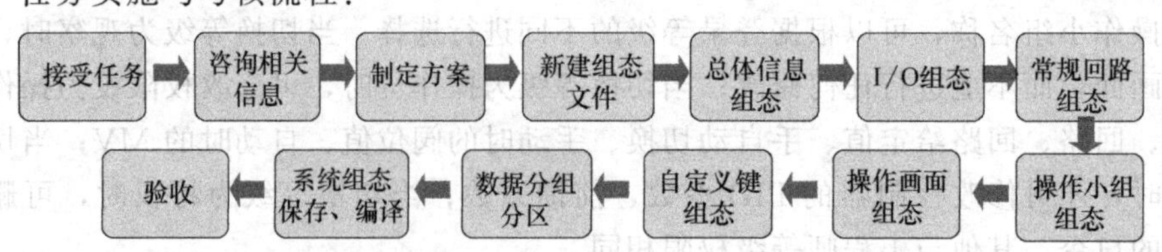

1. 新建一个组态文件

在桌面上点击图标，设置步骤如图1-39所示。

组态文件生成＊＊＊.sck和＊＊＊文件夹，缺一不可，文件夹内包含着一些小的文件夹。如图1-40所示。

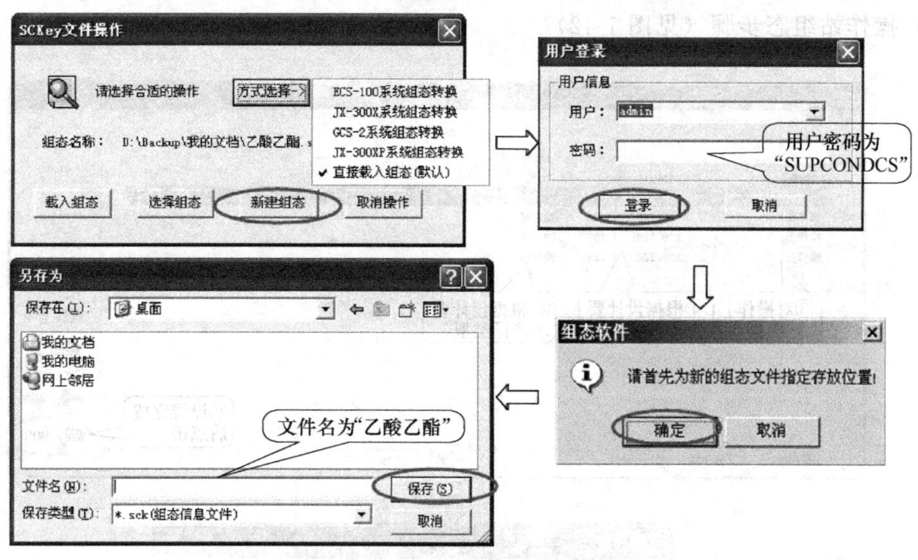

图 1-39　新建一个组态文件步骤

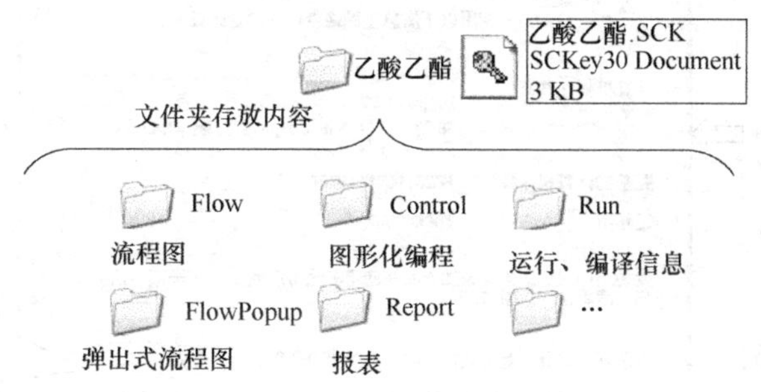

图 1-40　组态生成文件

2. 总体信息组态

进入标题名为"学号＋姓名＋乙酸乙酯"的系统组态界面，点击命令按钮 主机，就可以设置主控卡和操作站。

（1）主控卡组态步骤（见图 1-41）

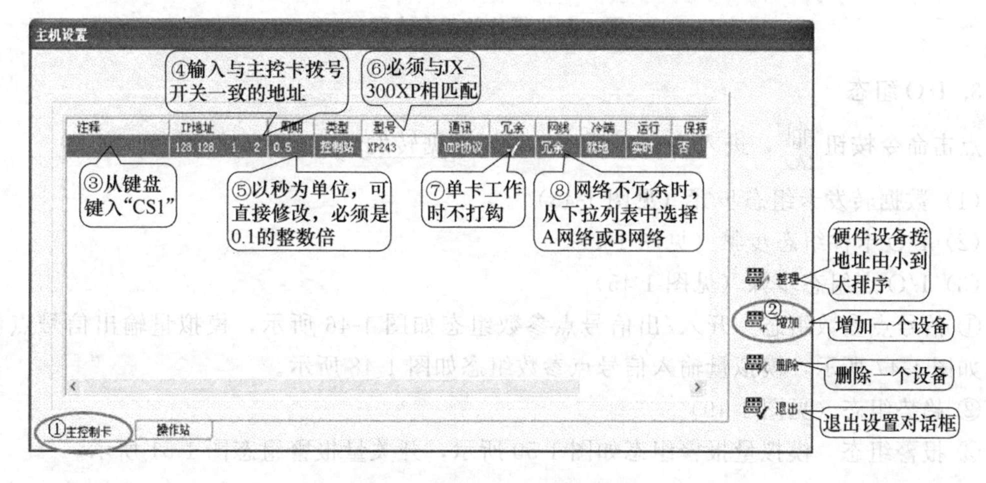

图 1-41　主控卡组态步骤

（2）操作站组态步骤（见图1-42）

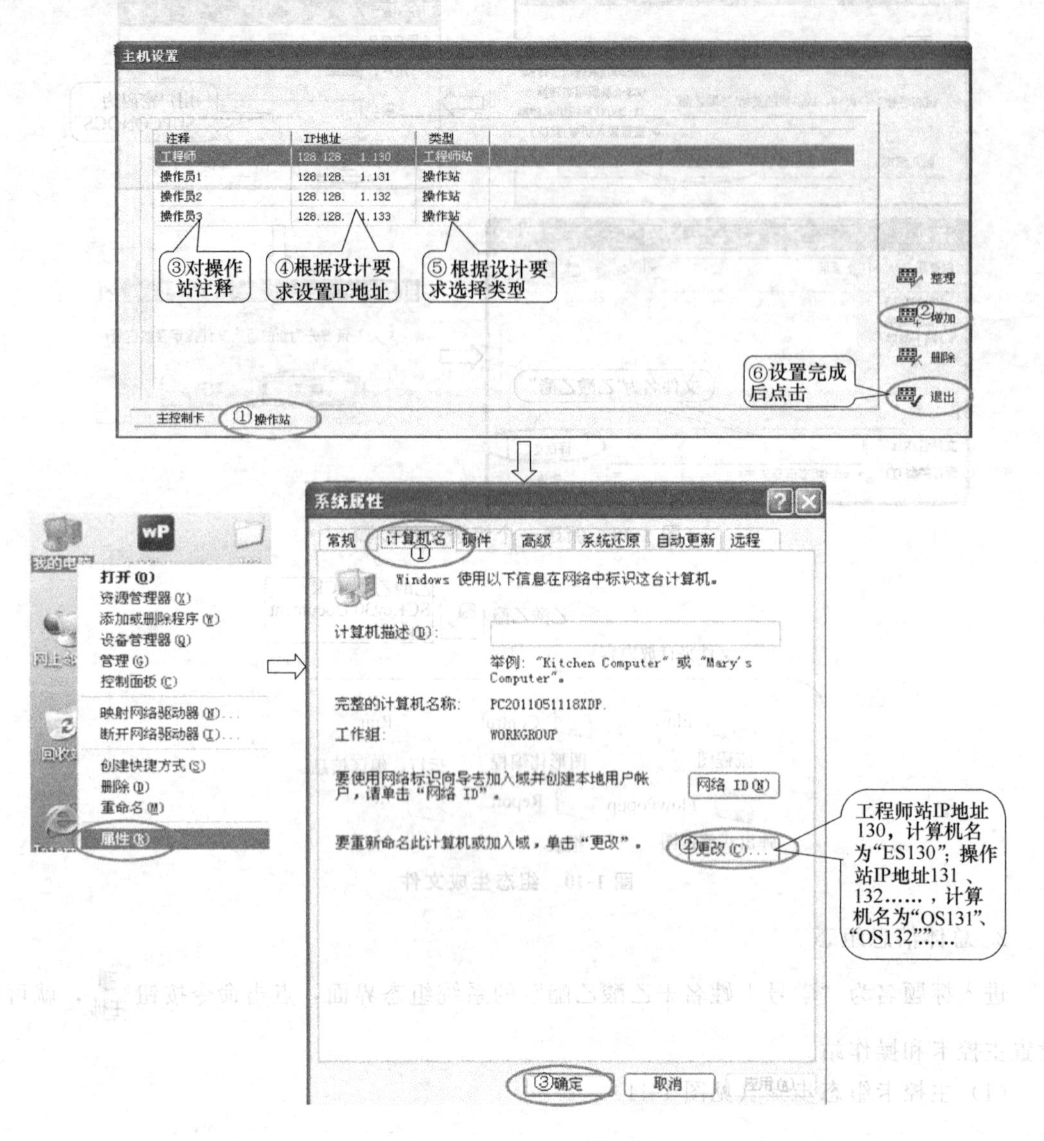

图1-42 操作站组态步骤

3. I/O组态

点击命令按钮 I/O ，进入I/O对话框，设置数据转发卡、I/O卡件和I/O点。

（1）数据转发卡组态步骤（见图1-43）

（2）I/O卡件组态步骤（见图1-44）

（3）I/O点组态步骤（见图1-45）

① 信号点参数组态　开入/出信号点参数组态如图1-46所示，模拟量输出信号点参数组态如图1-47所示，模拟量输入信号点参数组态如图1-48所示。

② 趋势组态（见图1-49）

③ 报警组态　模拟量报警组态如图1-50所示，开关量报警组态图1-51所示。

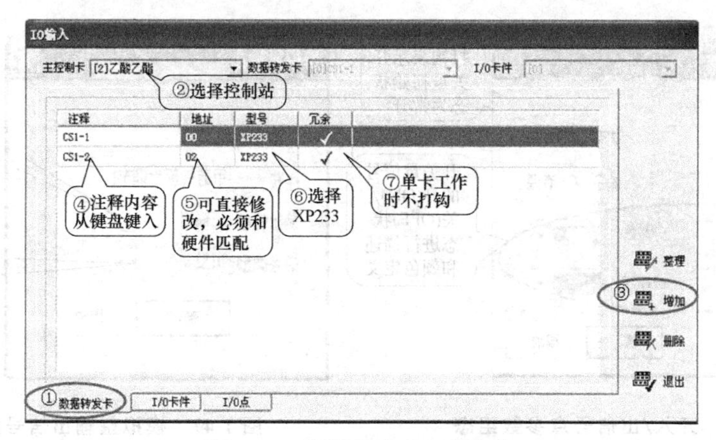

图 1-43　数据转发卡组态步骤

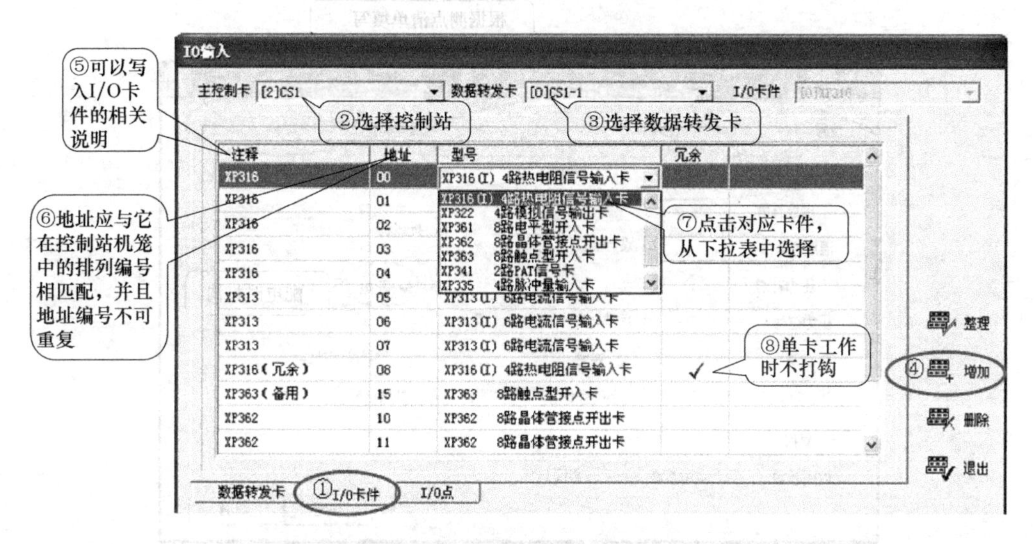

图 1-44　I/O 卡件组态步骤

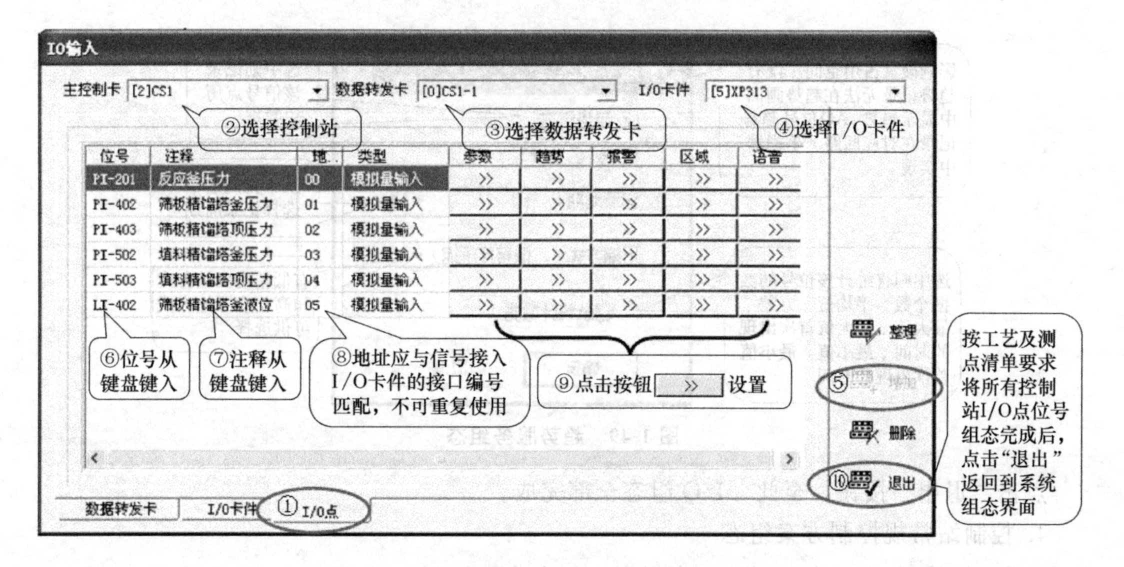

图 1-45　I/O 点组态步骤

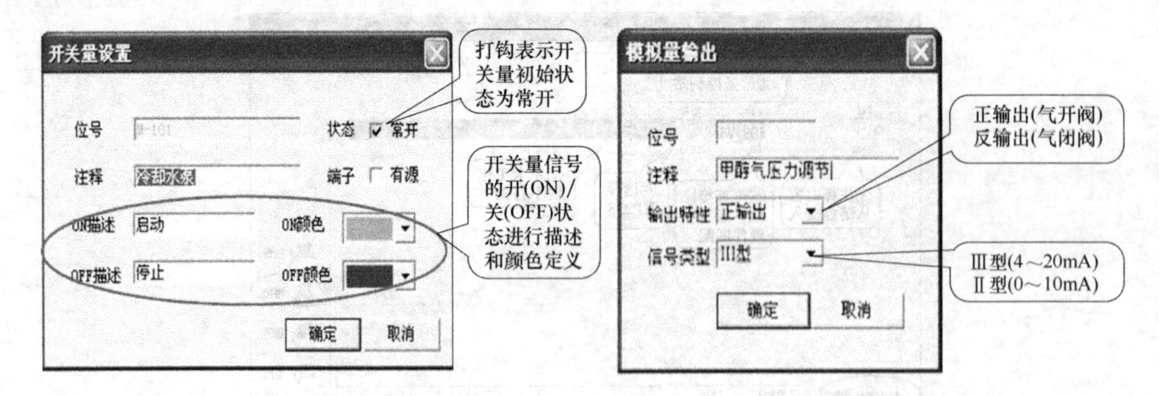

图 1-46 开入/出信号点参数组态 图 1-47 模拟量输出信号点参数组态

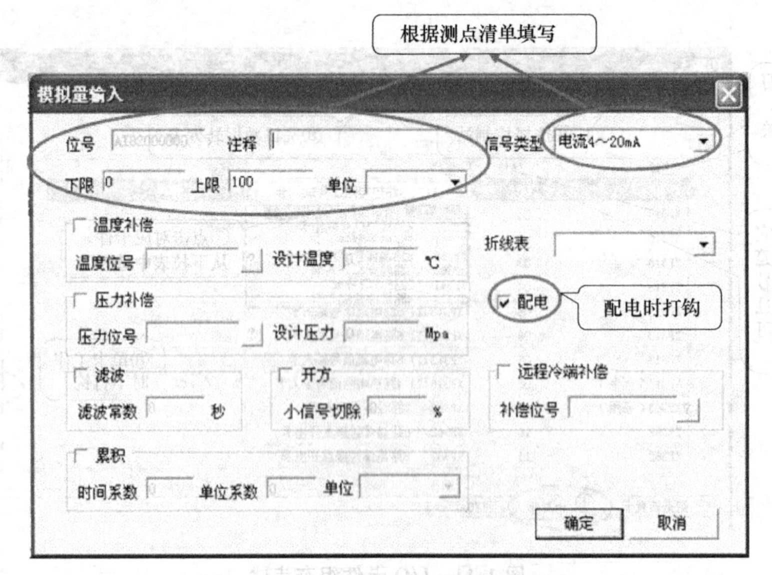

图 1-48 模拟量输入信号点参数组态

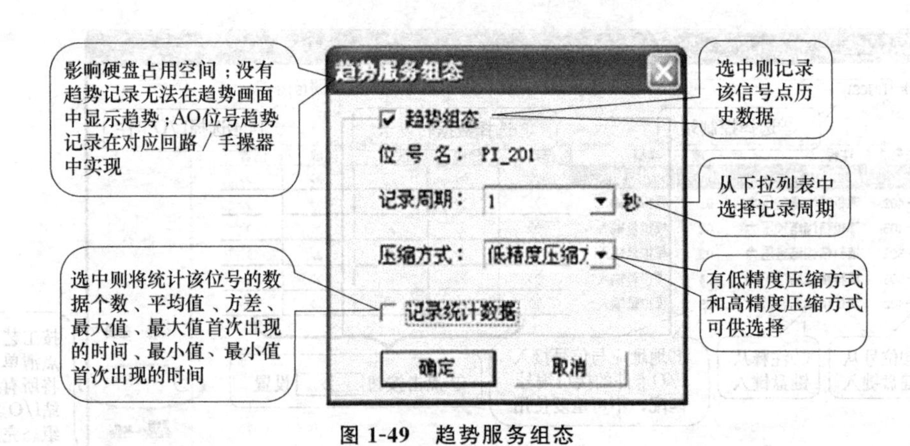

图 1-49 趋势服务组态

点击“退出”按钮，至此，I/O组态全部完成。

4. 控制站常规控制方案组态

点击按钮常规，进入常规回路组态界面，组态步骤如图 1-52 所示。

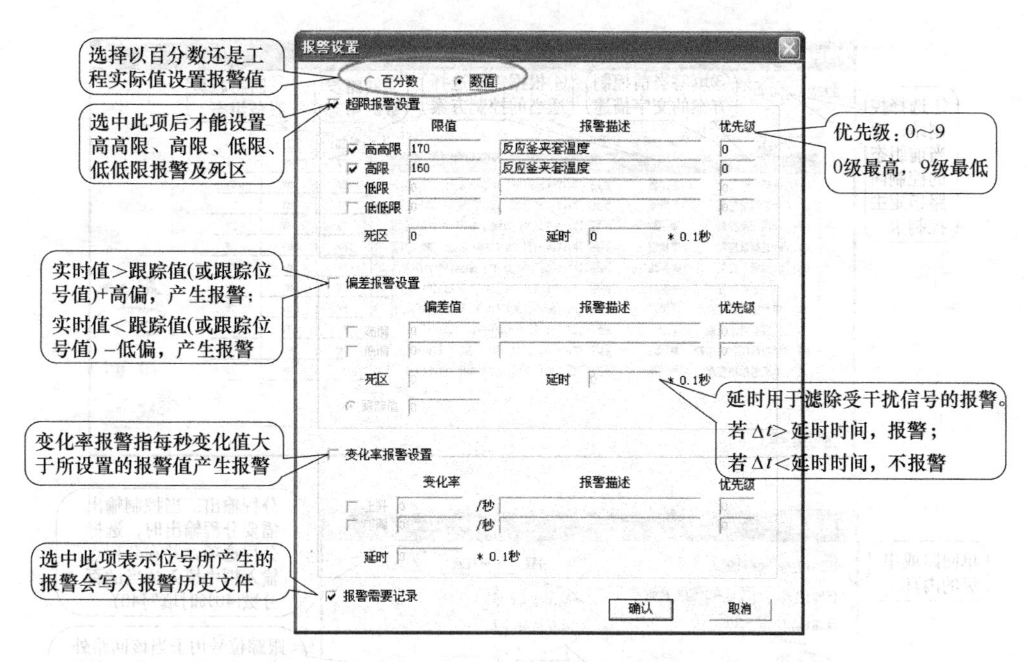

图 1-50　模拟量报警组态

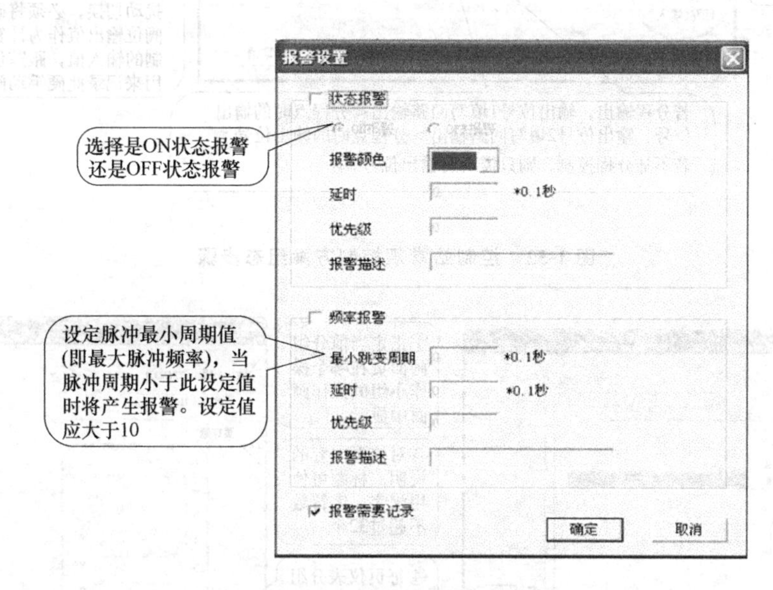

图 1-51　开关量报警组态

5．操作小组组态

点击命令按钮（操作...）进入操作小组设置界面，如图 1-53 所示。

6．操作画面组态

（1）分组画面组态

点击（分组），进入分组画面组态界面，组态步骤如图 1-54 所示。

（2）一览画面组态

点击（一览），进入一览画面组态界面，组态步骤如图 1-55 所示。

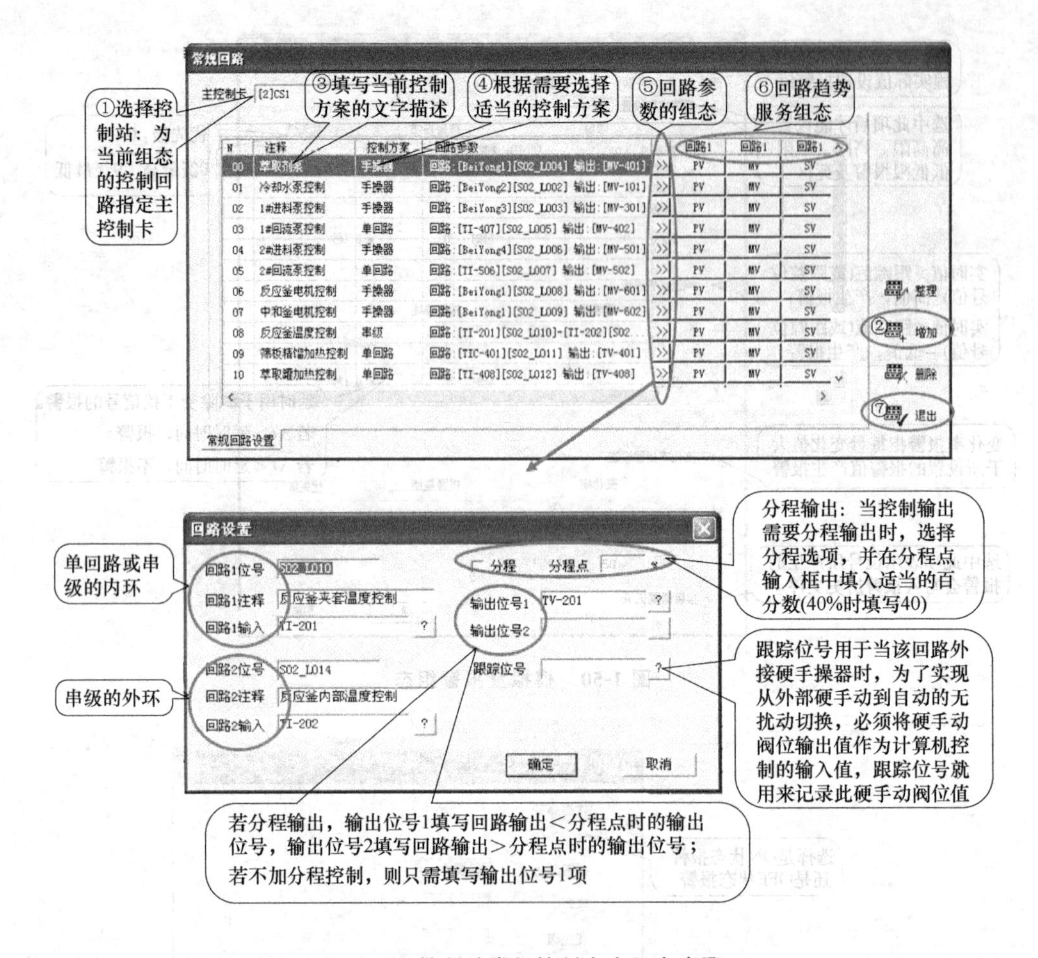

图 1-52 控制站常规控制方案组态步骤

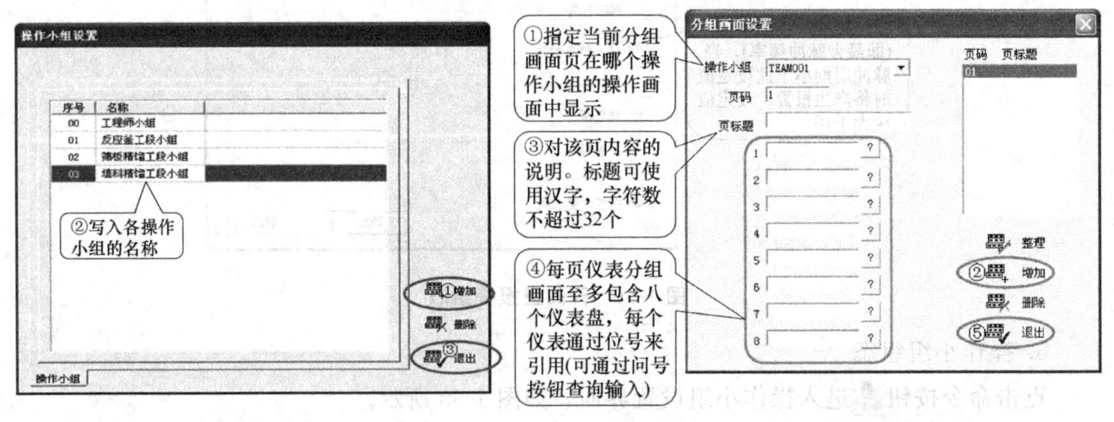

图 1-53 操作小组组态步骤图

图 1-54 分组画面组态步骤

(3) 趋势组态

在系统组态界面工具栏中点击，进入趋势组态界面，组态步骤如图 1-56 所示。

(4) 总貌画面组态

点击总貌，进入总貌画面组态界面，组态步骤如图 1-57 所示。

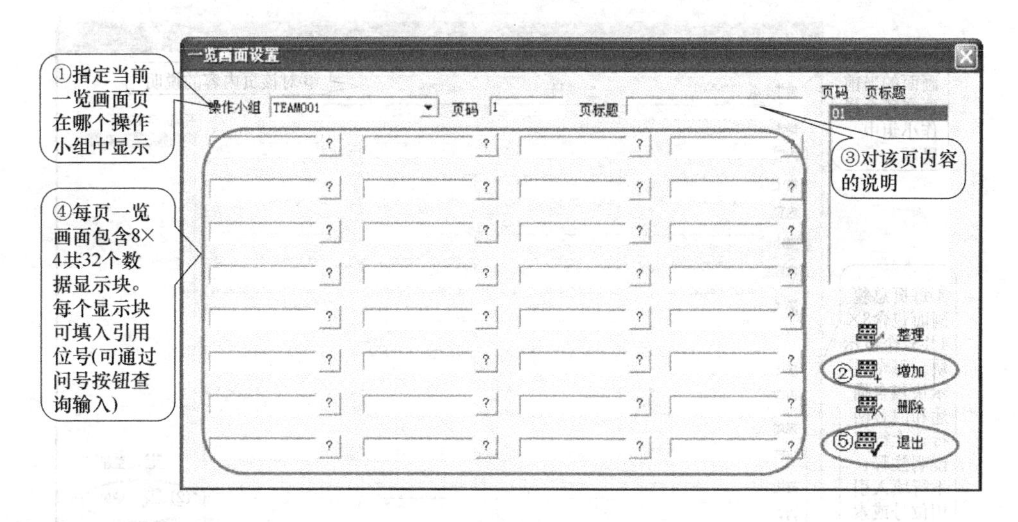

图 1-55　一览画面组态步骤

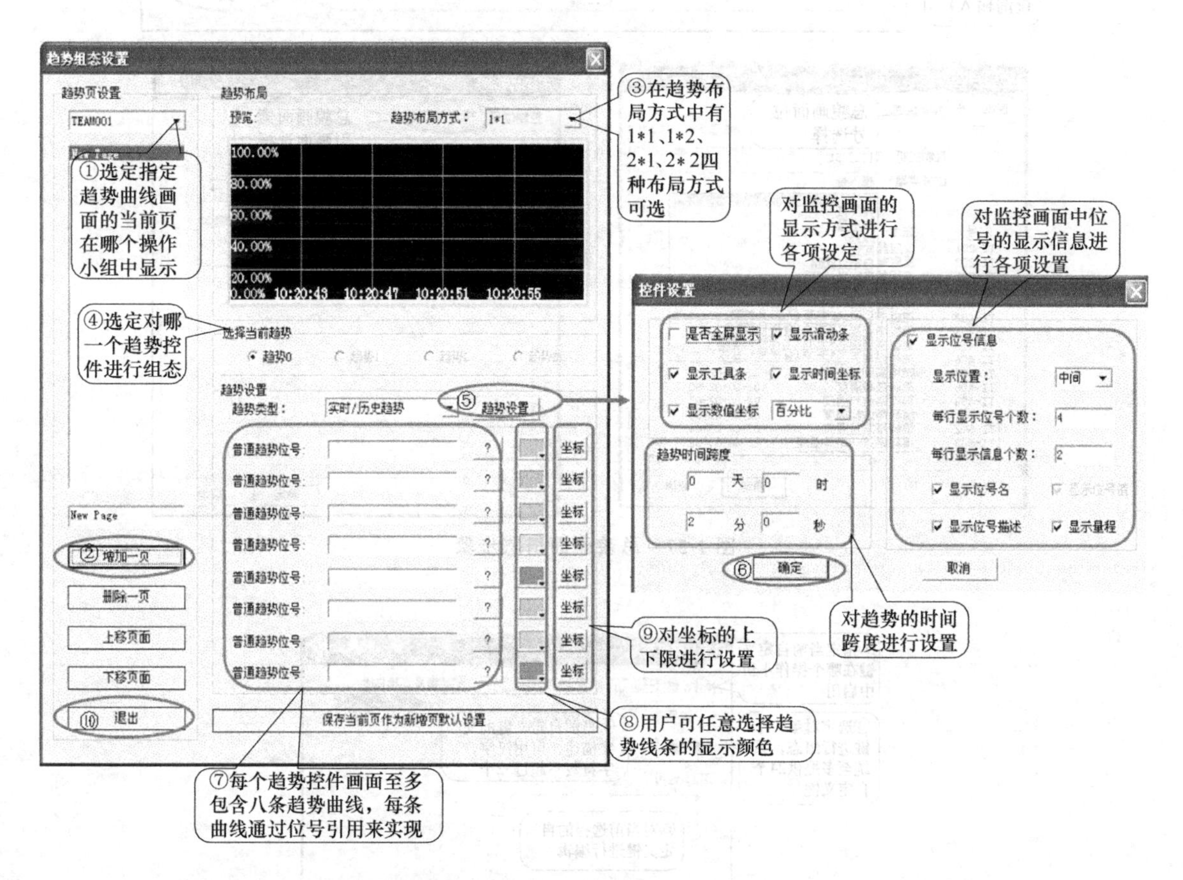

注：在趋势画面中显示的点必须在组态中进行趋势组态服务。

图 1-56　趋势组态步骤

7. 自定义键组态

点击图标，进入自定义键组态界面，如图 1-58 所示。

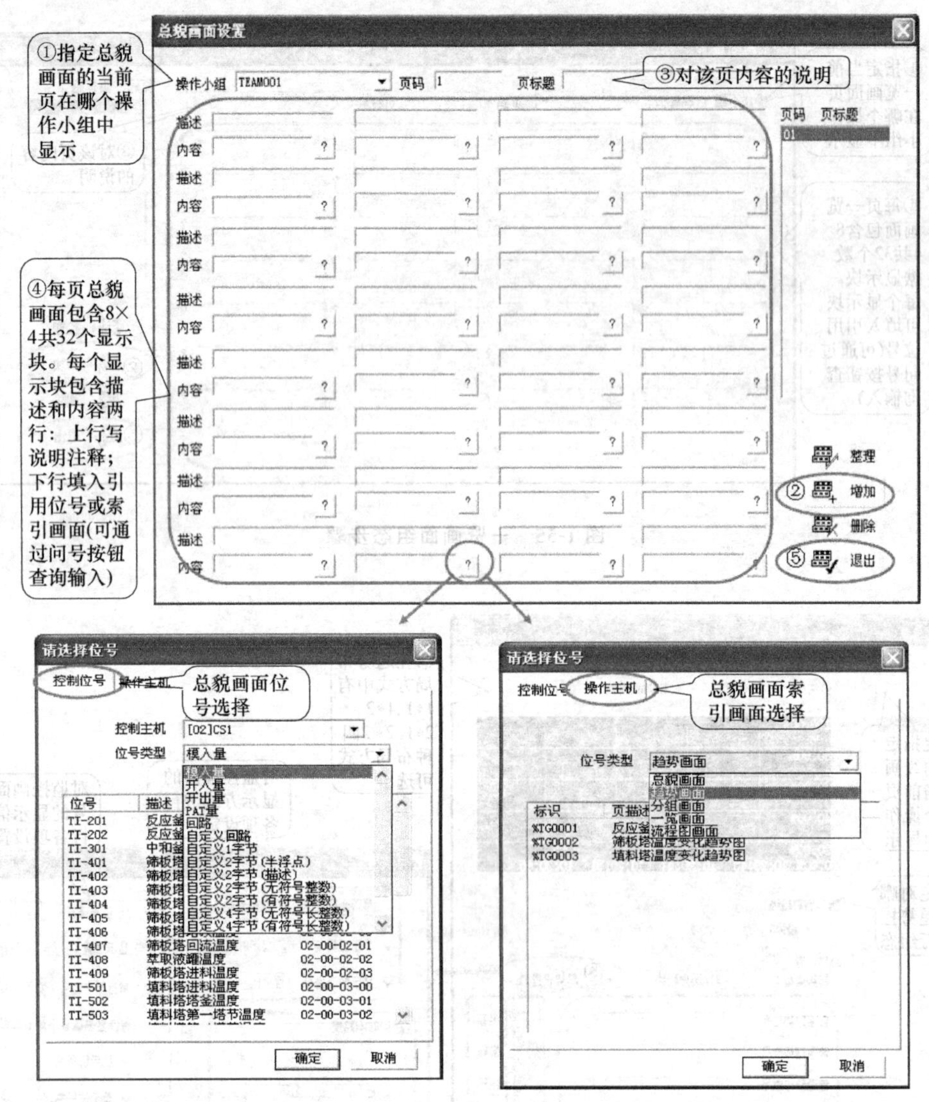

图 1-57 总貌画面组态步骤

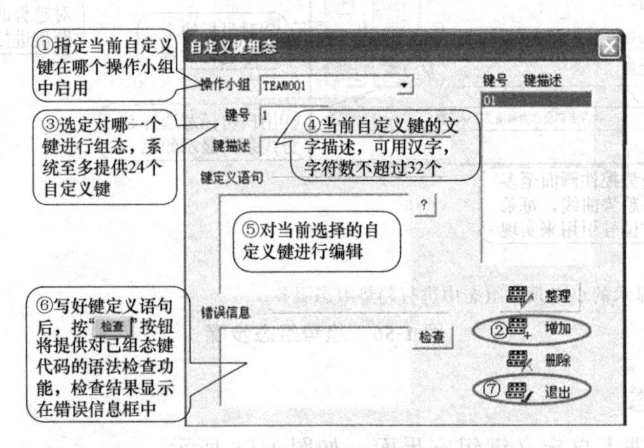

图 1-58 自定义键组态步骤

8. 数据分组分区组态

点击“区域设置”，系统将进入数据分组分区组态界面。

(1) 数据分组分区组态步骤

操作步骤如图 1-59 所示。

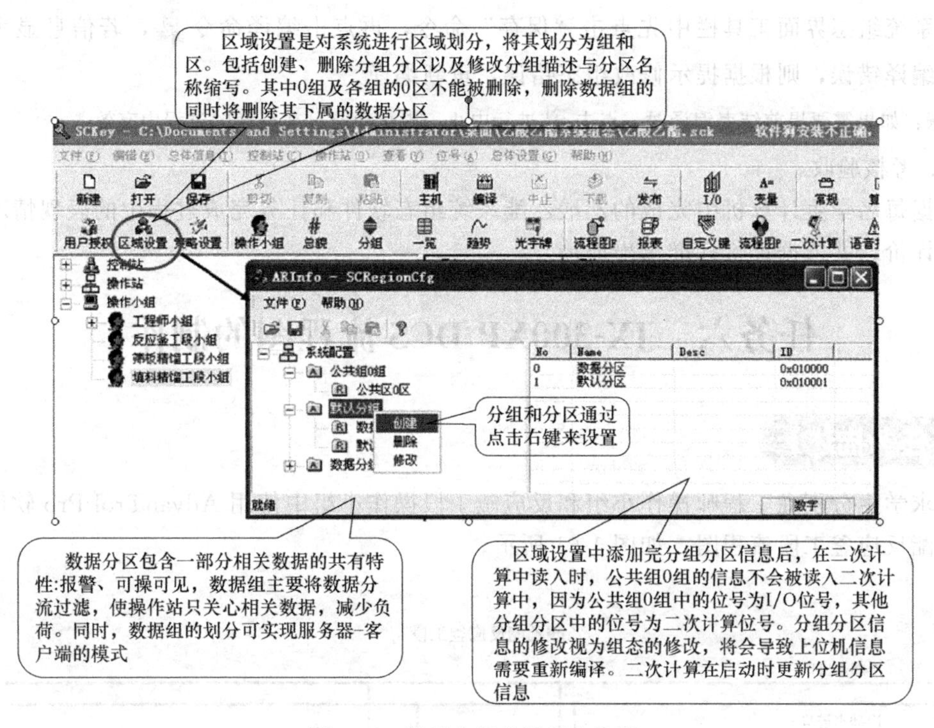

图 1-59　数据分组分区组态步骤

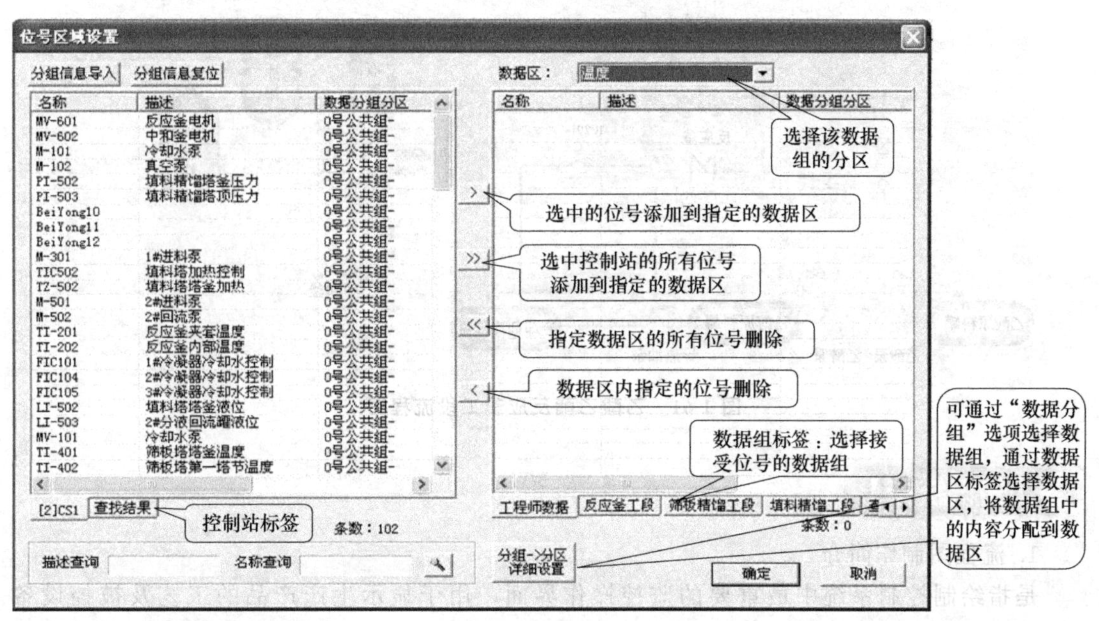

注：单个位号与数据区唯一对应。

图 1-60　位号区域划分组态步骤

（2）位号区域划分组态

点击菜单命令［位号/位号区域划分］，进入位号区域设置界面，将所有组态位号进行分组，如图1-60所示。

9. 系统组态保存编译

在系统组态界面工具栏中先点击“保存”命令，再点击编译命令（编译），若信息显示区内提示有编译错误，则根据提示修改组态错误，重新编译。

注意：如果需要提前结束编译时，点击（中止）进行中止。中止功能只在编译的过程中有效。

10. 考核验收

根据每名学生计算机中完成的乙酸乙酯系统组态软件和任务完成过程中的表现情况，进行学习评价，并依据评价标准给出成绩。

任务六　JX-300XP DCS流程图的制作

【任务描述】

要求学生分别在工程师操作小组和反应釜工段操作小组中使用AdvanTrol Pro软件绘制乙酸乙酯反应釜工段流程图，如图1-61所示。

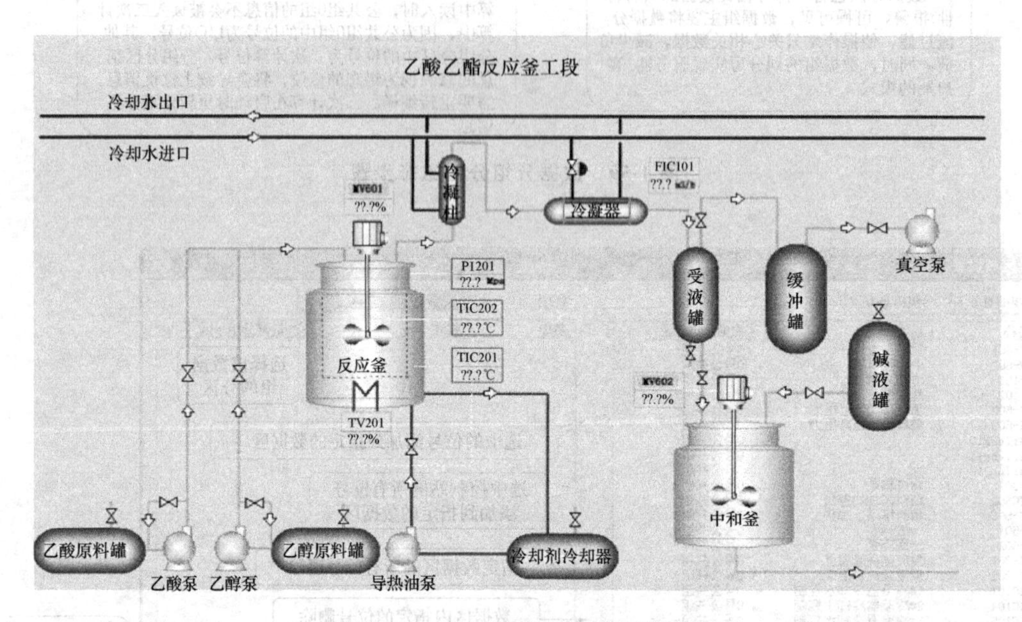

图1-61　乙酸乙酯反应釜工段流程图

【知识链接】

1. 流程图制作简介

是指绘制控制系统中最重要的监控操作界面，用于显示生产产品的工艺及被控设备对象的工作状况，并操作相关数据量。流程图数量≤640页。流程图制作界面如图1-62所示。

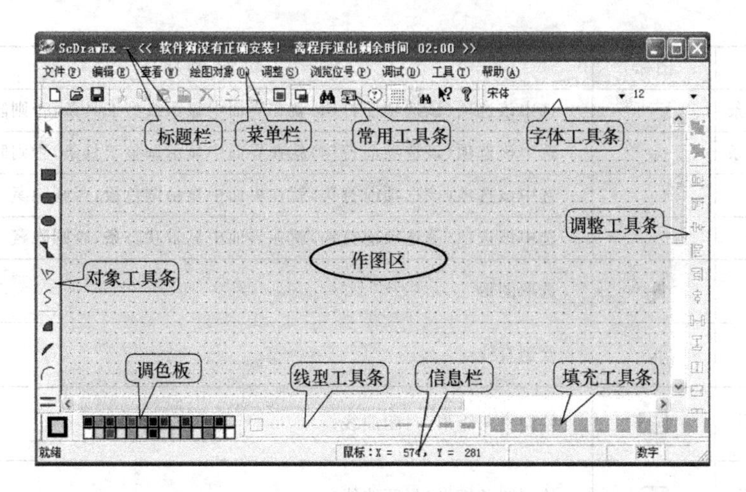

图 1-62　流程图制作界面

2. 流程图菜单命令一览表（见表 1-19）

表 1-19　流程图菜单命令一览表

菜单项		图标	功能说明
文件	新建		建立新的流程图文件，并直接进入新的流程图制作界面
	打开		打开已存在的流程图文件
	保存		将已完成的流程图文件保存在硬盘上
	另存为		将修订后的文件内容以另外一个文件名保存
	退出		退出流程图制作软件
编辑	撤消		支持用户在编辑流程图时通过撤消（十次）来恢复前面的操作
	重复		支持用户在编辑流程图时通过重复（十次）来取消前面的撤消操作
	剪切		将作图区中用户指定区域的内容复制到剪贴板内，同时删除该区域里的内容
	复制		将作图区中用户指定区域的内容复制到剪贴板内。与编辑/剪切不同之处在于执行此命令后，被复制图形不会被删除
	粘贴		将剪贴板中的最新内容（即最近一次剪切或复制的内容）复制到指定作图区
	复制并粘贴		复制并粘贴流程图中的选取内容
	全选		选取流程图作图区中的全部内容
	删除		删除流程图中选取的内容
查看	常用工具条		选中该选项（该选项前打钩）就在界面中显示常用工具条，否则隐藏
	对象工具条		选中该选项（该选项前打钩）就在界面中显示对象工具条，否则隐藏
	字体工具条		选中该选项（该选项前打钩）就在界面中显示字体工具条，否则隐藏
	填充工具条		选中该选项（该选项前打钩）就在界面中显示填充工具条，否则隐藏

续表

菜单项		图标	功能说明
查看	线型工具条		选中该选项(该选项前打钩)就在界面中显示线型工具条,否则隐藏
	调整工具条		选中该选项(该选项前打钩)就在界面中显示调整工具条,否则隐藏
	调色板		选中该选项(该选项前打钩)就在界面中显示调色板,否则隐藏
	状态条		选中该选项(该选项前打钩)就在界面中显示状态条,否则隐藏
绘图对象	选择		选取图形
	直线		绘制直线
	直角矩形		绘制直角矩形(封闭曲线)
	圆角矩形		绘制圆角矩形(封闭曲线)
	椭圆		绘制圆及椭圆(封闭曲线)
	多边形		绘制多边形(封闭曲线)
	折线		绘制折线
	曲线		绘制曲线
	扇形		绘制扇形(封闭曲线)
	弦形		绘制弦形(封闭曲线)
绘图对象	弧形		绘制弧线
	管道		绘制立体管道
	文字	A	在流程图中键入文本内容
	时间对象		在流程图中插入一个时间显示框显示系统时间
	日期对象		在流程图中插入一个日期显示框显示系统日期
	动态数据	0.0	在流程图中设置动态数据显示框,即用于显示动态位号的实时数值
	开关量		在流程图中设置动态开关,即用于形象地显示开关量位号状态(ON或OFF)
	命令按钮		在流程图中设置命令按钮,即用于界面之间的切换及参数的设置
	位图对象		在流程图中插入位图对象
	Gif对象	GIF	在流程图中插入Gif动画图片
	Flash对象		在流程图中插入Flash动画图片

续表

菜单项		图标	功能说明
调整	组合		将两个或多个选中的图形对象组合成一个整体作为构成流程图的基本元素
	分解		将多个基本图形合成的复杂图像分解为原来的多个基本图形
	顶层显示		将当前选取对象显示在最上层
	底层显示		将当前对象显示在最底层
	提前		将当前选取对象提前一层显示
	置后		将当前对象置后一层显示
	左旋		将图形对象逆时针旋转 90°
	右旋		将图形对象顺时针旋转 90°
	水平翻转		将图形以选中框的垂直中线为轴线进行翻转，但所在位置不变
	垂直翻转		将图形以选中框的水平中线为轴线进行翻转，但所在位置不变
	自由旋转		可以将图形对象旋转任意角度
	自定义旋转		将图形对象旋转一指定角度
	渐变设置		对图形对象进行过渡色填充设置
	编辑端点		改变图形对象的形状
	自定义圆心角		用于设置图形对象的起始、终止角度或圆心角
	动态特性		用于设置图形的动态属性，即将图形与动态位号相连接，使图形随着位号的数值变化进行相应的动态变化
浏览位号	组态位号		查看控制站上的各 I/O 数据位号和二次计算变量位号
	浏览/替换位号		浏览本流程图中所选取的位号，并在对话框中完成位号的替换
调试	位号检查		检查流程图中已引入的位号有无错误
	仿真运行		流程图软件提供_VAL0、_VAL1 ……_VAL31 共 32 个虚拟位号。在流程图与控制站无连接的情况下，用户通过引用这些虚拟位号，可查看动态设置的效果
工具	画面属性		用于设置流程图画面属性，包括窗口属性、背景图片、格线设置、提示设置、运行和仿真五项

续表

菜单项		图标	功能说明
工具	统计信息		显示流程图绘制的统计信息，包括作图区中所有静态图形对象和其他控件等的个数
	模板窗口		进入模板库管理器对话窗口，即用于存放和导出模板，使用户能够方便地将需要保存的图形对象分类集中存放，并可以随时导出到流程图中
	格线显示		显示或隐藏流程图绘制桌面背景格线
	画面刷新		刷新画面
	包含选中		选中框将对象全包含，才能选中
	相交选中		选中框与对象有接触，就能选中
帮助	帮助主题		列出帮助主题
	关于ScDrawEx		显示软件信息、版本、版权

3. 一般指导原则

① 绘图顺序：先主设备，后管道，再动态数据，最后整体处理画面。

② 不通过AdvanTrol Pro系统监控的设备，诸如就地仪表、分配台和释放阀、冗余管线、手阀等，将不显示在画面上，除非特殊要求。当它们显示出来时，用灰色显示，指明不受系统控制。

③ 仪表管线不显示，除非从工艺要求。

④ 工艺物流通常从左到右，从上到下。

⑤ 流向用箭头标在工艺管线上，箭头颜色与管线颜色一致。

⑥ 流程图画面布局和设备尺寸以用户提供的信息为基准。

⑦ 工艺管线水平或者垂直显示，避免使用斜线。在任一交叉点，垂直管线显示为断开，水平管线保持连续。

⑧ 如果从工艺需要，设备号、贮槽标识号应该显示出来。提供一个按钮用以展开/关闭这些标签，以减少画面上条目数。

⑨ 标识设备的标签位置风格应该一致，尽量避免垂直放置标签。

⑩ 每一幅画面在标题条上提供一个标题。

4. 流程图制作的步骤

(1) 创建流程图文件，注意保存和关联

文件应保存在系统组态文件夹下的Flow子文件夹中，并将流程图与系统组态关联。

(2) 画面基本属性设置

窗口尺寸：根据显示器分辨率设置，因为这个大小的流程图在监控画面中浏览时，正好是满屏，不需移动屏幕滚动条来进行查看。

背景色：考虑到操作员的工作需要，背景色不宜设置得很花哨，灰色和黑色是比较常见的选择。

格线：在画面上设置格线，可以方便用户在绘制图形时进行对准等操作。

（3）静态图形绘制

静态对象工具：选取、直线、直角矩形、圆角矩形、椭圆、多边形、折线、曲线、扇形、弦状图、弧形、管道、文字和模板窗口。对静态对象的操作可以立即在当前作图区看到效果，如图 1-63 所示。

（4）动态图形添加

动态对象工具：时间对象、日期对象、动态数据、开关量、命令按钮、Gif 对象、Flash 动画对象、报警记录和历史趋势。引用动态对象时，必须进入仿真运行界面或在监控软件中查看其运行情况，如图 1-63 所示。

（5）画面优化

绘制完后，调整画面元素位置及颜色等，使画面清晰美观。

（6）系统联编

在系统组态界面中进行系统编译，以便于运行实时监控软件时流程图运行正常。

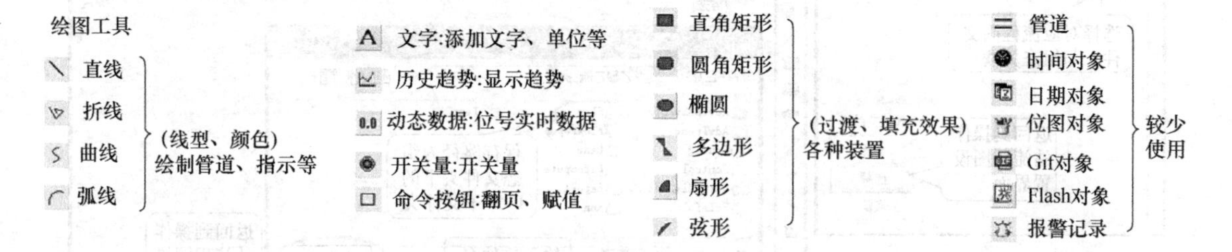

图 1-63　绘制图形常用工具汇总

【任务实施与考核】

任务实施与考核流程：

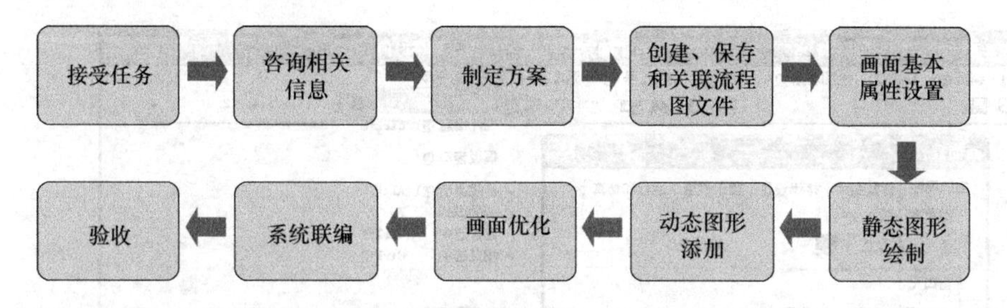

1. 创建流程图文件，注意保存和关联

点击图标，进入操作站流程图设置界面，流程图文件创建步骤如图 1-64 所示。

2. 画面基本属性设置（大小、背景、格线等）

（1）窗口尺寸和流程图背景色设置

点击［工具］/＜画面属性＞菜单项，进入画面属性设置界面，设置如图 1-65 所示。

（2）格线组态

点击［工具］/＜画面属性＞菜单项，进入画面属性设置界面，设置步骤如图 1-66 所示。

格线设置完成后，可通过工具栏中按钮进行格线显示和隐藏。

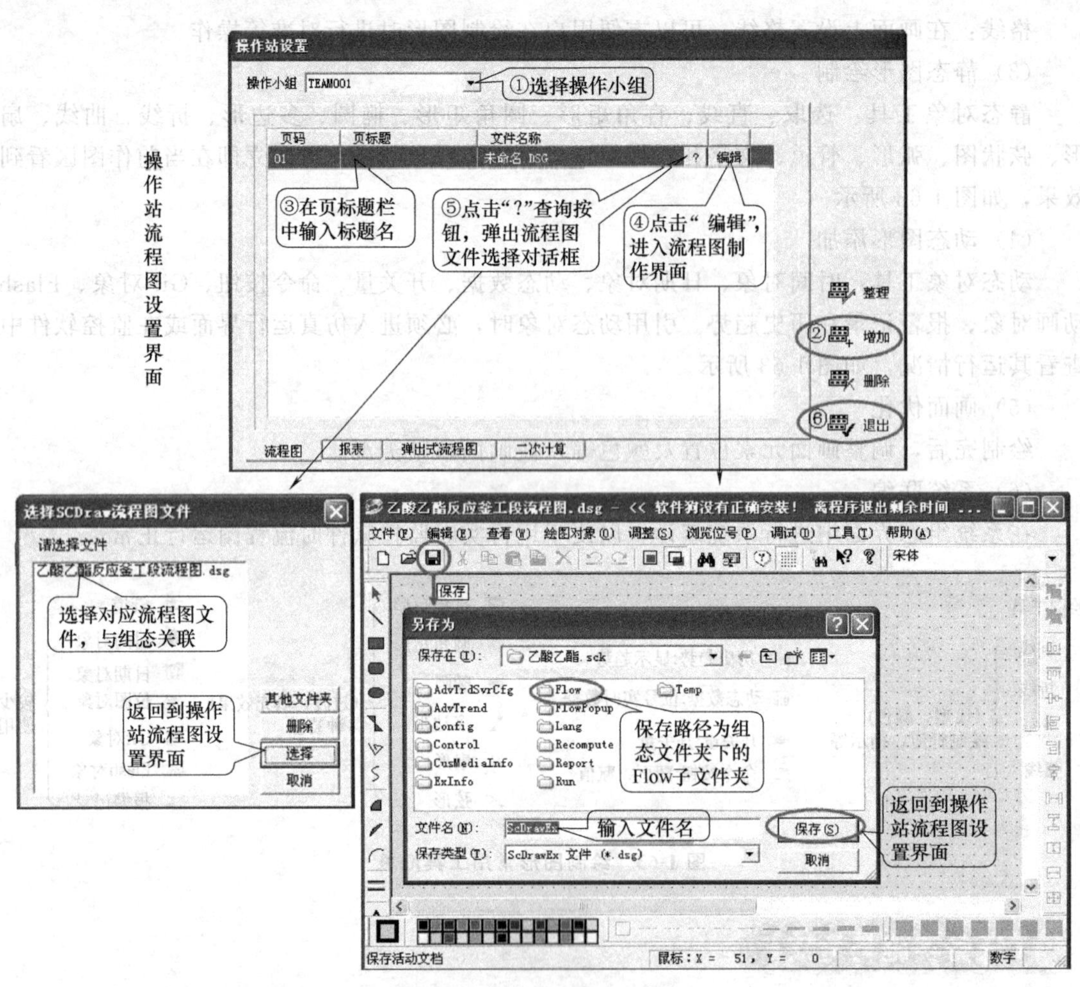

图 1-64 流程图文件创建步骤

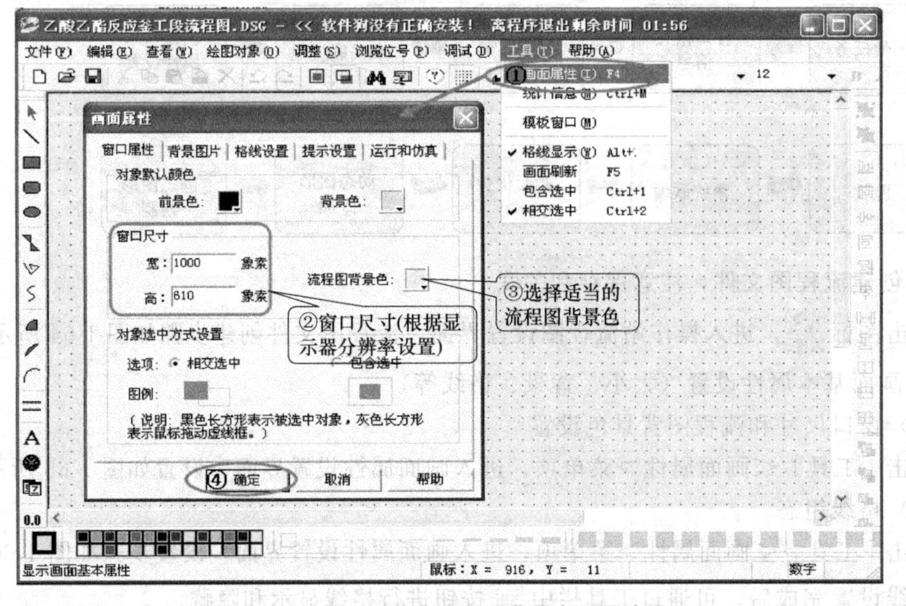

图 1-65 窗口尺寸和流程图背景色设置步骤

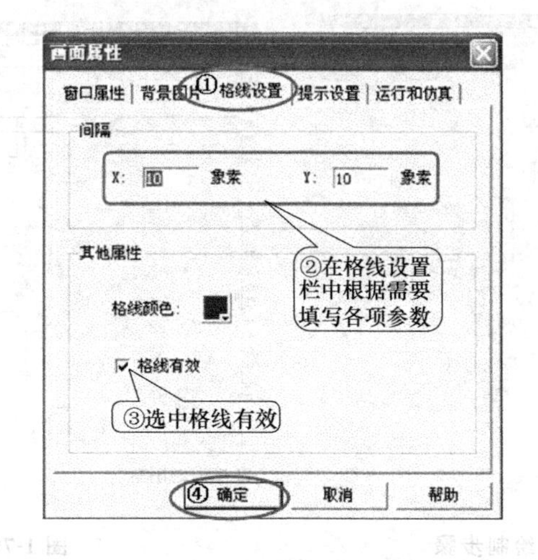

图 1-66　格线设置步骤

3. 静态图形绘制

(1) 确定主体设备的位置，并添加到流程图画面中

①用椭圆绘制工具和矩形绘制工具来绘制乙酸原料罐、乙醇原料罐、冷却剂冷却器、冷凝柱、冷凝器、受液罐、缓冲罐和碱液罐的形状，如图 1-67 所示。

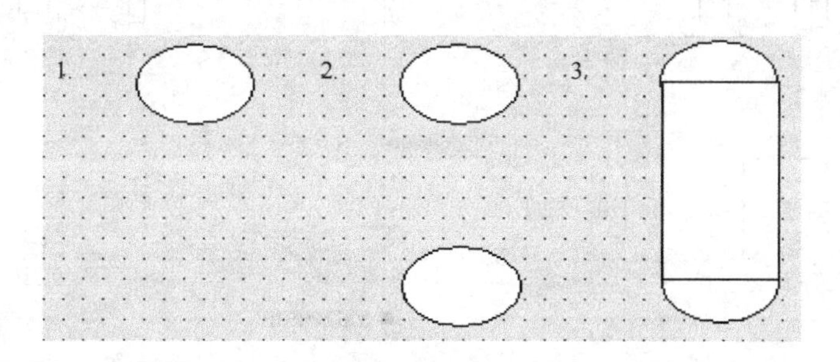

图 1-67　罐的形状绘制步骤

②用模板窗口导出泵 4、搅拌器 1 和锅炉 12，通过分解，改变大小，组合、对齐等方式来绘制反应釜和中和釜，如图 1-68 所示。

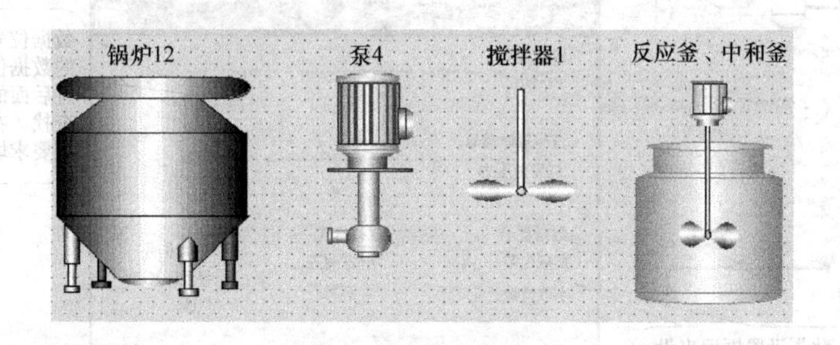

图 1-68　釜的绘制步骤

③将绘制好的图形移动到画面合适的位置上，如图 1-69 所示。

(2) 添加管线（见图 1-70）

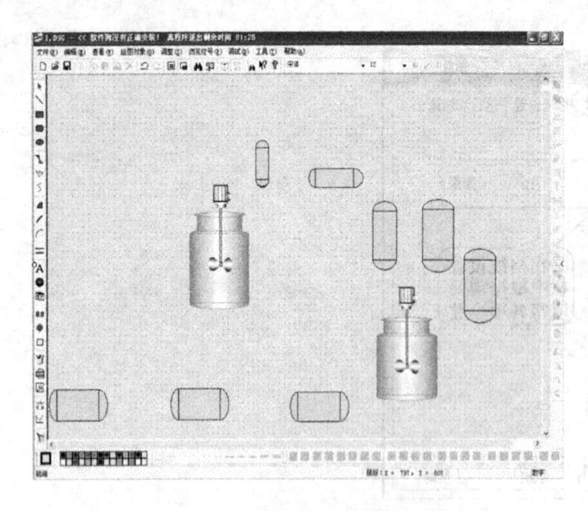

图 1-69　主体设备绘制步骤

图 1-70　添加管线

（3）添加相关的仪表、设备（见图 1-71）

（4）填写设备、管线标注（见图 1-72）

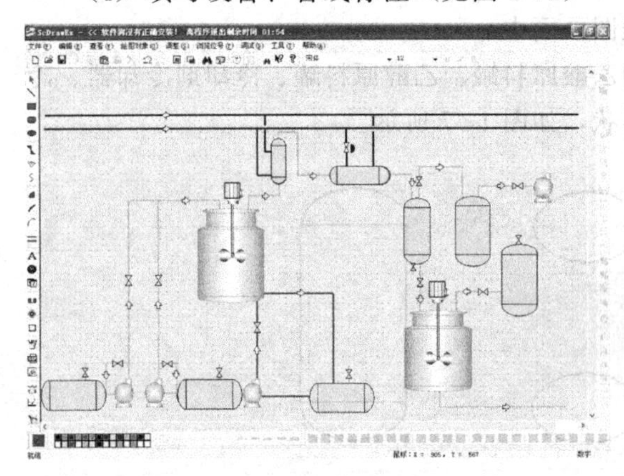

图 1-71　添加相关的仪表、设备

图 1-72　填写设备、管线标注

4．动态图形的绘制

点击**0.0**按钮，在流程图上合适的位置添加动态数据，操作步骤如图 1-73 所示。

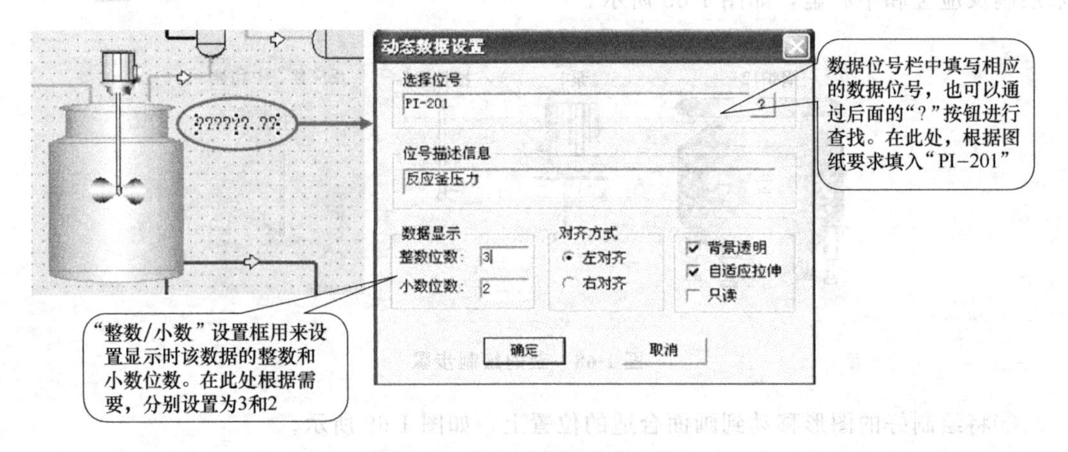

图 1-73　添加动态的数据步骤

按照同样的方法，对其他动态数据进行添加。为了查阅方便，将相应的位号名以文本的形式添加到动态数据旁边，效果如图 1-74 所示。

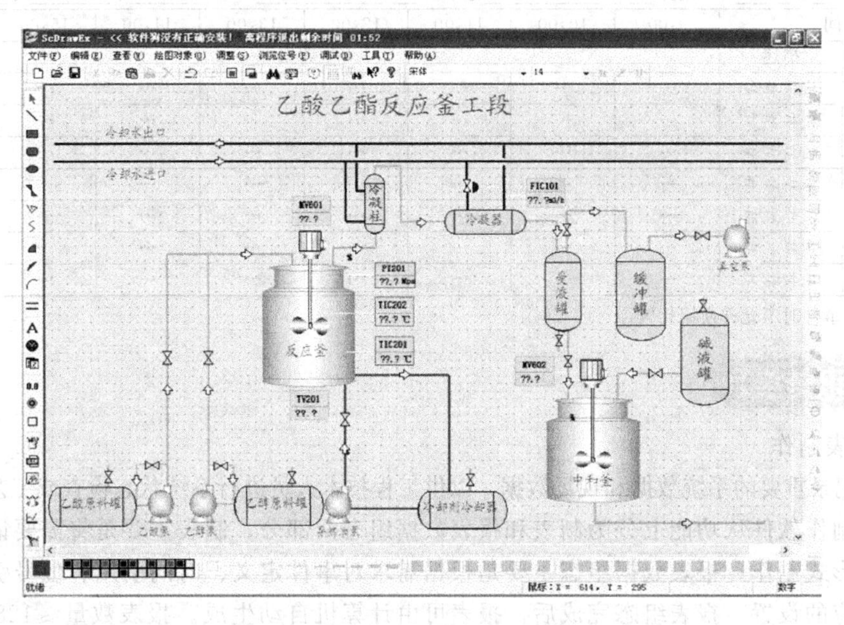

图 1-74　添加动态的数据效果图

5. 画面优化

绘制完后，调整画面元素位置及颜色等，使画面清晰美观，如图 1-61 所示。

6. 系统联编

绘制完成后，先点击保存图标将整个组态文件进行保存。然后进行全体编译，如果编译正确，至此，流程图的制作已经完成。在 AdvanTrol 监控软件中运行整个 SCKey 组态，可以观察流程图的运行情况。如有需要，重复上面的步骤继续添加流程画面。

7. 考核验收

根据每名学生计算机中完成的乙酸乙酯反应釜工段流程图软件和任务完成过程中的表现情况，进行学习评价，并依据评价标准给出成绩。

任务七　JX-300XP DCS 报表的制作

【任务描述】

要求学生在工程师操作小组和筛板精馏工段操作小组中使用 AdvanTrol Pro 软件制作班报表，效果样式如表 1-20 所示。

要求：每整点记录一次数据，记录数据为 TI401、TI402、TI403、TI404、TI405、TI406、TI407，报表中的数据记录到其真实值后面两位小数，时间格式为××：××：××（时：分：秒），每天 8：00，16：00，0：00 输出报表。

报表样板：报表名称及页标题均为班报表。

表 1-20 班报表

班报表									
____班____组 组长________ 记录员________					____年____月____日				
时间		9:00	10:00	11:00	12:00	13:00	14:00	15:00	16:00
内容	描述	数据							
TI401	####	…	…	…	…	…	…	…	…
TI402	####	…	…	…	…	…	…	…	…
TI403	####	…	…	…	…	…	…	…	…
TI404	####	…	…	…	…	…	…	…	…
TI405	####	…	…	…	…	…	…	…	…
TI406	####	…	…	…	…	…	…	…	…
TI407	####	…	…	…	…	…	…	…	…

注：定义事件时不允许使用死区。

【知识链接】

1. 报表制作

用来记录重要的系统数据和现场数据，以供工程技术人员进行系统状态检查或工艺分析。

报表制作软件从功能上分为制表和报表数据组态两部分，制表主要是将需要记录的数据以表格的形式制作；报表数据组态主要是根据需求对事件定义、时间引用、位号引用和报表输出作相应的设置。报表组态完成后，报表可由计算机自动生成。报表数量≤128 页。报表制作界面如图 1-75 所示。

图 1-75 报表制作界面总貌

2. 报表菜单命令一览表（见表 1-21）

表 1-21 报表菜单命令一览表

菜单项		图标	功能说明
文件	新建		创建一个新的报表文件，进入报表编辑环境
	打开		打开以往建立、保存的报表文件
	保存		将正在编辑的报表文件保存在硬盘上
	另存为		将重新编辑后的文件内容以新的名称保存
	页面设置		对报表文件的页面格式进行一定的设置
	打印预览		在正式打印之前，预先观察实际打印的效果
	打印		打印所建立并已保存的报表文件
	退出		结束报表的编辑，退出报表编辑环境

续表

菜单项		图标	功能说明
编辑	撤消		取消上一次(只能执行一次)的操作,恢复为之前编辑的状态
	剪切		将报表编辑区中用户指定区域的内容复制到剪贴板内,同时删除该区域里的内容
	复制		将报表编辑区中选定区域的内容复制到剪贴板内
	粘贴		将剪贴板中的最新内容复制到指定编辑区内
	合并单元格		将连续的部分基础单元格合并成为一个组合单元格
	取消合并		将选定的组合单元格拆分为基础单元格
	清除		包括清除全部、清除内容和清除格式三项,用于清除所选定区域内单元格的内容、格式或者全部(不取消合并)
	删除		删除当前选定单元格,包括右侧单元格左移、下方单元格上移、删除整行和删除整列 4 种类型操作
	填充		在报表中向选定的单行多列或单列多行的单元格添加单位(包括位号、数值、时间对象、工作日、日期等),设置步长值、起始值等
	追加行列		在最后一行或最后一列之后增加一定数目(1～99)的行或列
	替换		查找报表表格中需要更改的文本内容,并以新文本将之替换
插入	单元格		在当前位置处添加单元格,包括活动单元格右移、活动单元格下移、插入整行、插入整列 4 种类型的操作
	图形元素		显示或隐藏图形工具图标
	输入栏		显示或隐藏输入栏
格式	单元格		对选中的所有单元格进行格式设置
	字体格式		设置单元格内文本内容的格式,包括字体、加黑、斜体、下划线、删除线五项
	前景色		设置单元格内部文本的颜色
	背景色		设置选定单元格的内部填充颜色
	对齐方式		设置单元格内部文本的对齐方式,包括靠左、水平居中、靠右、居上、垂直居中、居下六项
	设置选中行列		对选中单元格所在的行列进行行高与列宽的设置
	设置缺省行列		对整个报表的默认行高与列宽进行设置
数据	事件定义		设置数据记录、报表产生的条件,系统一旦发现事件信息被满足,即记录数据或触发产生报表。事件定义中可以组态多达 64 个事件,每个事件都有确定的编号,事件的编号从 1 开始到 64,依次记为 Event[1]、Event[2]、Event[3]、…、Event[64]
	时间引用		设置一定事件发生时的时间信息。时间量记录了某事件发生的时刻,在进行各种相关位号状态、数值等记录时,时间量是重要的辅助信息。最多可对 64 个时间量进行组态

续表

菜单项		图标	功能说明
数据	位号引用		对已在事件组态中组好的事件量有关的位号进行组态，以便能在事件发生时记录各个位号的状态和数值
	报表输出		定义报表输出的周期、精度以及记录方式和输出条件等
帮助	帮助主题		提供 SCFormEx 报表制作软件的在线帮助
	关于 SCFormEx	?	提供 SCFormEx 报表制作软件的版本及版权信息

3. 报表数据组态

报表数据组态主要通过报表制作界面的“数据”菜单完成。组态包括事件定义、时间引用、位号引用、报表输出四项，主要是通过对报表事件的组态，将报表与 SCKey 组态的 I/O 位号、二次变量以及监控软件 AdvanTrol 等相关联，使报表充分适应现代工业生产的实时控制需要。

(1) 事件组态

点击菜单命令［数据/事件定义］将进入事件组态对话框，如图 1-76 所示。

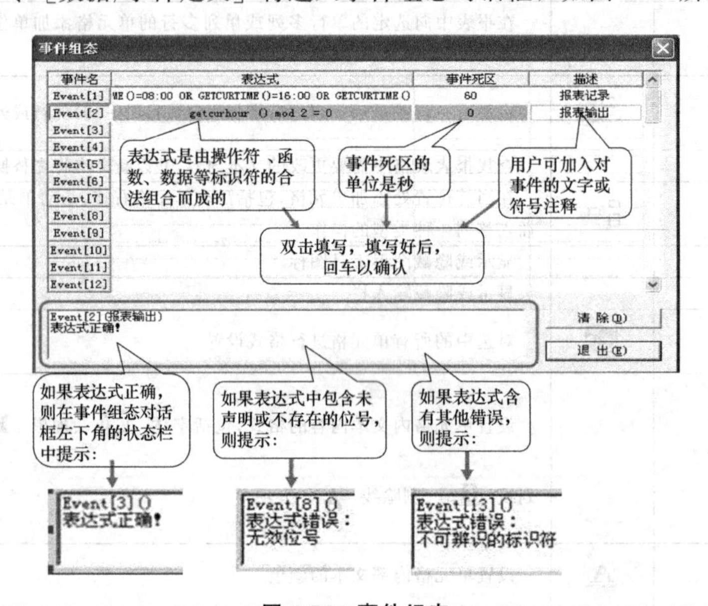

图 1-76 事件组态

事件组态完成后，就可以在相关的时间组态、位号组态以及输出组态中被引用了。

(2) 时间量组态

点击菜单命令［数据/时间引用］将进入时间量组态对话框，如图 1-77 所示。

组态完成后即可在报表编辑中引用这些编辑好的时间量了。

(3) 位号量组态

点击菜单命令［数据/位号引用］将进入位号量组态对话框，如图 1-78 所示。

(4) 报表输出定义组态

点击菜单命令［数据/报表输出］将进入报表输出定义对话框，如图 1-79 所示。

4. 报表函数

报表函数可分为事件函数和表格函数两种：在报表事件定义的事件表达式中需要填写的是事件函数，而在报表单元格中填写的以“：＝”方式开头的函数为表格函数。

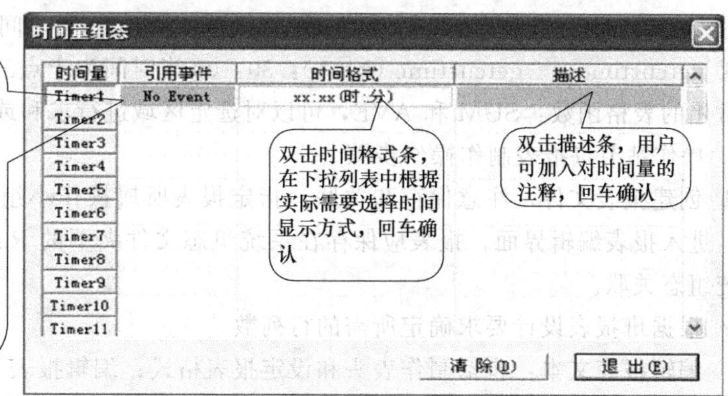

时间量组态
时间量
引用事件
时间格式
描述
Timer1
No Event
xx:xx (时:分)
Timer2
Timer3
Timer4
Timer5
Timer6
Timer7
Timer8
Timer9
Timer10
Timer11
清除(D)
退出(E)
双击引用事件条，组态好的事件将全部出现在下拉列表中，选择需要的事件，按下回车键确认。在引用事件时也可不选择已经组态好的事件，而是使用No Event,这样，时间量的记录将不受事件的约束，而是依据记录精度进行时间量的记录，按照记录周期在报表中显示记录时间，按下回车键确认
双击时间格式条，在下拉列表中根据实际需要选择时间显示方式，回车确认
双击描述条，用户可加入对时间量的注释，回车确认

图 1-77　时间量组态

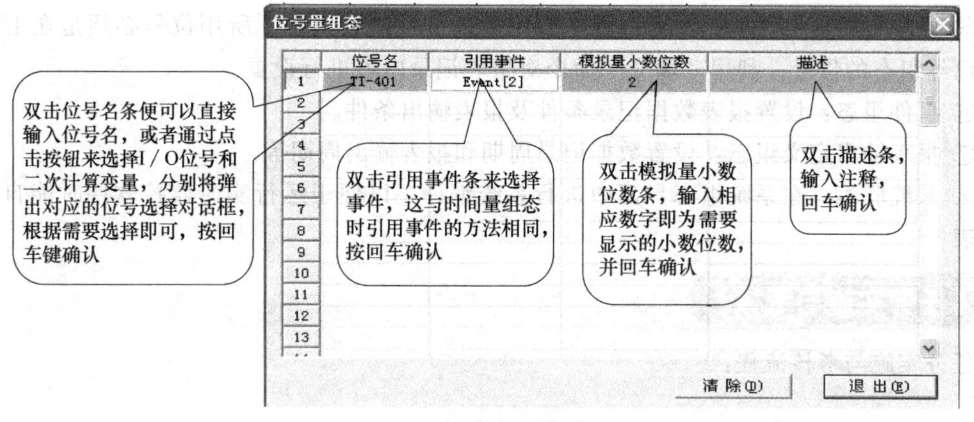

位号量组态
位号名
引用事件
模拟量小数位数
描述
TI-401
Event[2]
2
清除(D)
退出(E)
双击位号名条便可以直接输入位号名，或者通过点击按钮来选择I/O位号和二次计算变量，分别将弹出对应的位号选择对话框，根据需要选择即可，按回车键确认
双击引用事件条来选择事件，这与时间量组态时引用事件的方法相同，按回车确认
双击模拟量小数位数条，输入相应数字即为需要显示的小数位数，并回车确认
双击描述条，输入注释，回车确认

图 1-78　位号量组态

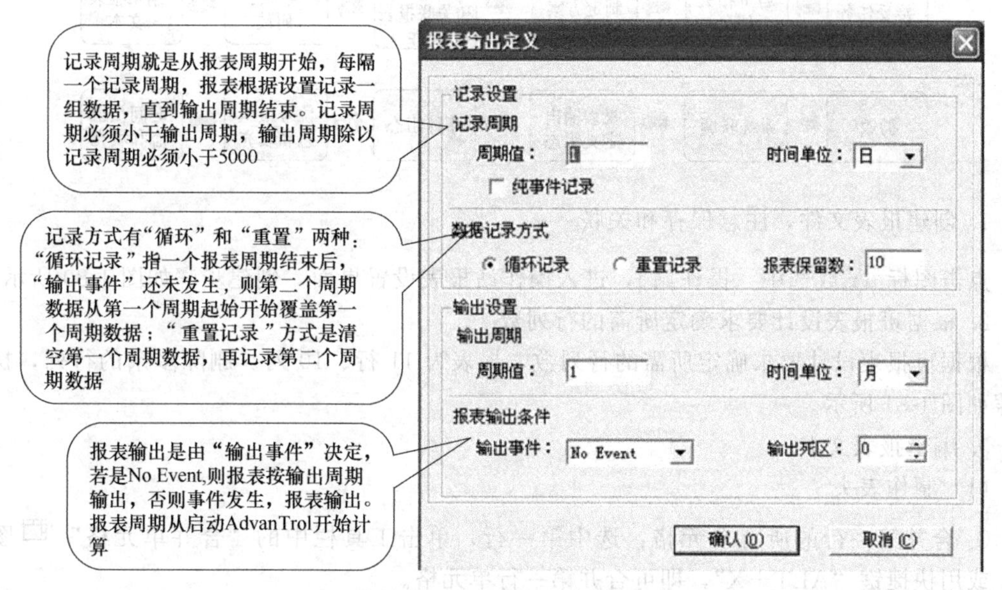

报表输出定义
记录设置
记录周期
周期值：
时间单位：日
纯事件记录
数据记录方式
循环记录
重置记录
报表保留数：10
输出设置
输出周期
周期值：1
时间单位：月
报表输出条件
输出事件：No Event
输出死区：0
确认(O)
取消(C)
记录周期就是从报表周期开始，每隔一个记录周期，报表根据设置记录一组数据，直到输出周期结束。记录周期必须小于输出周期，输出周期除以记录周期必须小于5000
记录方式有“循环”和“重置”两种：“循环记录”指一个报表周期结束后，“输出事件”还未发生，则第二个周期数据从第一个周期起始开始覆盖第一个周期数据；“重置记录”方式是清空第一个周期数据，再记录第二个周期数据
报表输出是由“输出事件”决定，若是No Event,则报表按输出周期输出，否则事件发生，报表输出。报表周期从启动AdvanTrol开始计算

图 1-79　报表输出定义组态

常用事件函数表达式的使用举例：

① getcurhour——getcurhour () mod 2＝0 当小时数为 2 的整数倍（0、2、…、24 点）时；

② getcurmin ()＝5 and getcurhour ()＝2 当时间为两点零五分时；

③ getcursec——getcursec ()=20 or getcursec ()=40 当时间为 20 秒或 40 秒时；

④ getcurtime——getcurtime ()=10：30：00 当时间为十点三十分时。

常用的表格函数：SUM 和 AVE，可以对选定区域进行求和或者求平均值的运算。

5. 操作站节点报表制作操作步骤

① 创建报表文件，注意保存和关联：指定报表所属操作小组，设置报表的页标题及文件名，进入报表编辑界面；报表应保存在系统组态文件夹下的 Report 子文件夹中并将报表与系统组态关联。

② 根据班报表设计要求确定所需的行列数。

③ 编辑报表文本：包括制作表头和设定报表格式；编辑报表字体及单元格格式等。

④ 时间量的组态和填充：设置报表中时间的记录格式；利用“填充”命令对报表记录内容进行设置。

⑤ 位号量的组态和填充：对报表中要用到的位号进行组态。所用位号必须是在 I/O 组态中已经组态的位号；利用“填充”命令对报表记录内容进行设置。

⑥ 事件组态：设置报表数据记录条件及报表输出条件。

⑦ 报表输出定义组态：设置数据记录周期和报表输出周期等。

⑧ 系统联编：在系统组态界面中进行系统编译，以便于运行实时监控软件时能自动生成报表。

【任务实施与考核】

任务实施与考核流程：

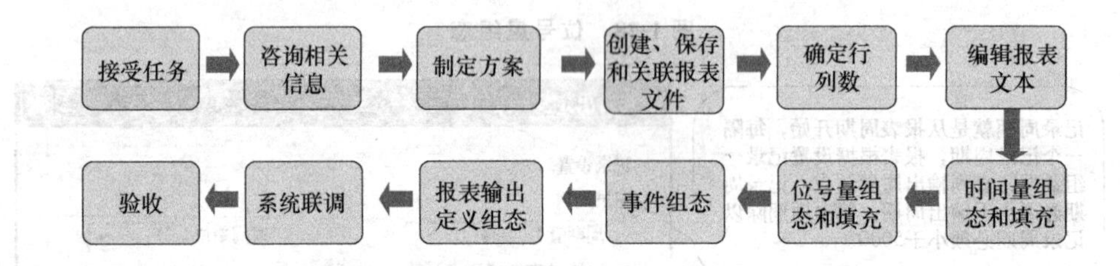

1. 创建报表文件，注意保存和关联

点击图标或选中［操作站］，进入操作站报表设置界面，创建步骤如图 1-80 所示。

2. 根据班报表设计要求确定所需的行列数

根据班报表设计要求确定所需的行列数，报表为 11 行、10 列。删除多余的行列，操作步骤如图 1-81 所示。

3. 编辑报表文本

（1）制作表头

① 合并第一行的所有单元格：选中第一行，单击工具栏中的“合并单元格”图按钮，或用快捷键“ALT+X”，即可合并第一行单元格。

② 双击合并后的单元格，即可在此合并格内填入相应内容“班报表”。

③ 用相同的方法合并第二行的所有单元格，并填入“____班____组 班长____记录员____年__月__日”。

表头制作完毕如图 1-82 所示。

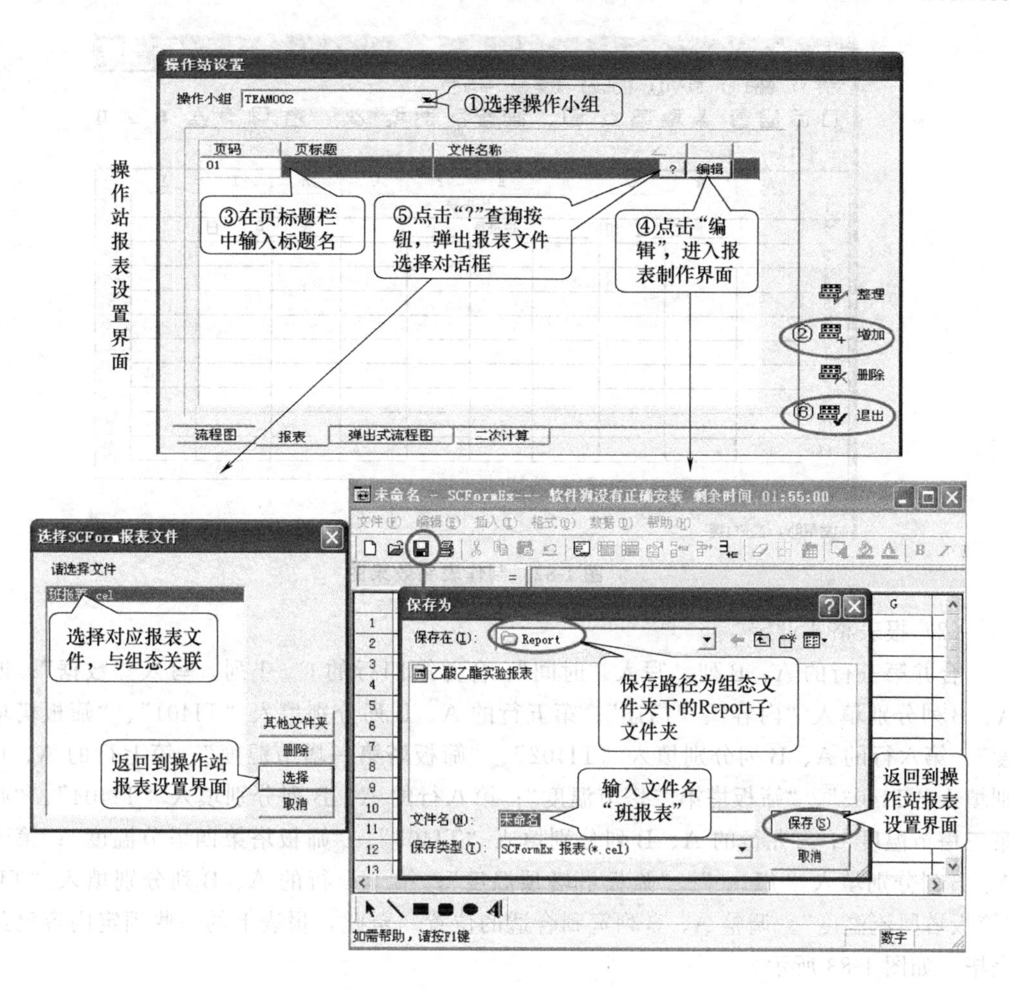

图 1-80　班报表创建步骤

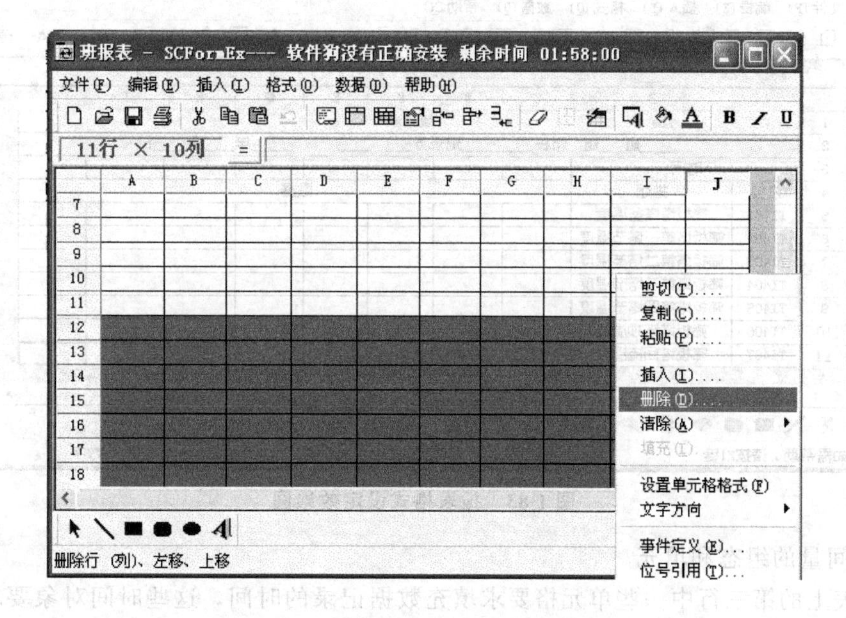

图 1-81　确定所需的行列数操作步骤

班报表1 － SCFormEx

文件(F) 编辑(E) 插入(I) 格式(O) 数据(D) 帮助(H)

行11 ： 列2 =

	A	B	C	D	E	F	G	H	I	J
1	班报表									
2	____班___组 组长________记录员________ ____年___月___日									
3										
4										
5										
6										
7										
8										
9										
10										
11										

如需帮助，请按F1键　数字

图 1-82　制作表头效果图

(2) 报表格式设定

合并第三行的 A、B 列，写入“时间”；合并第四行的 C～J 列，写入“数据”；四行的 A、B 列分别填入“内容”、“描述”；第五行的 A、B 列分别填入“TI401”、“筛板塔塔釜温度”；第六行的 A、B 列分别填入“TI402”、“筛板塔第一塔节温度”；第七行的 A、B 列分别填入“TI403”、“筛板塔第二塔节温度”；第八行的 A、B 列分别填入“TI404”、“筛板塔第三塔节温度”；第九行的 A、B 列分别填入“TI405”、“筛板塔第四塔节温度”；第十行的 A、B 列分别填入“TI406”、“筛板塔塔顶温度”；第十一行的 A、B 列分别填入“TI407”、“筛板塔回流温度”。调整 A、B 列宽到合适的位置。至此，报表上的一些固定内容已经设置完毕。如图 1-83 所示。

班报表 － SCFormEx--- 软件狗没有正确安装 剩余时间 01:56:00

文件(F) 编辑(E) 插入(I) 格式(O) 数据(D) 帮助(H)

行11 ： 列10 =

	A	B	C	D	E	F	G	H	I	J
1	班报表									
2	____班___组 组长________记录员________ ____年___月___日									
3	时间									
4	内容	描述	数据							
5	TI401	筛板塔塔釜温度								
6	TI402	筛板塔第一塔节温度								
7	TI403	筛板塔第二塔节温度								
8	TI404	筛板塔第三塔节温度								
9	TI405	筛板塔第四塔节温度								
10	TI406	筛板塔塔顶温度								
11	TI407	筛板塔回流温度								

如需帮助，请按F1键　数字

图 1-83　报表格式设定效果图

4. 时间量的组态和填充

班报表上的第三行中一些单元格要求填充数据记录的时间，这些时间对象要求为××：××（时：分）形式。

(1) 时间量的组态

选中［数据]/<时间引用> 菜单项，弹出时间量组态对话框。对 Timer1 进行组态：引用事件一栏为“No Event”；时间格式一栏通过下拉菜单选择××：××（时：分）；“描述”中可进行相关的注释“记录时间”。点击“退出”，回到编辑界面。时间量组态效果如图 1-84所示。

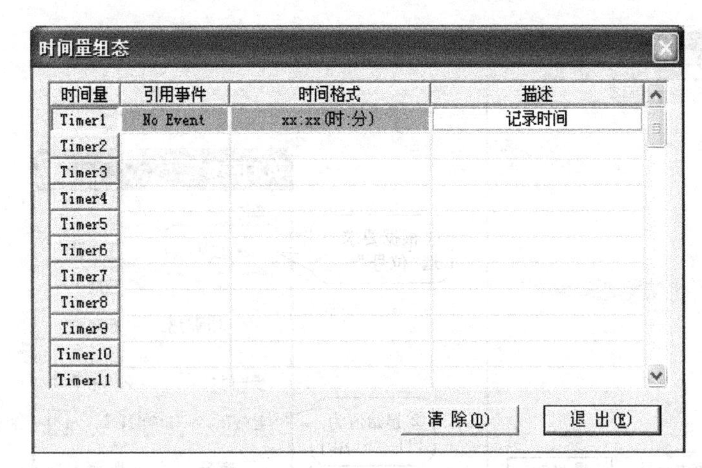

图 1-84　时间量组态效果图

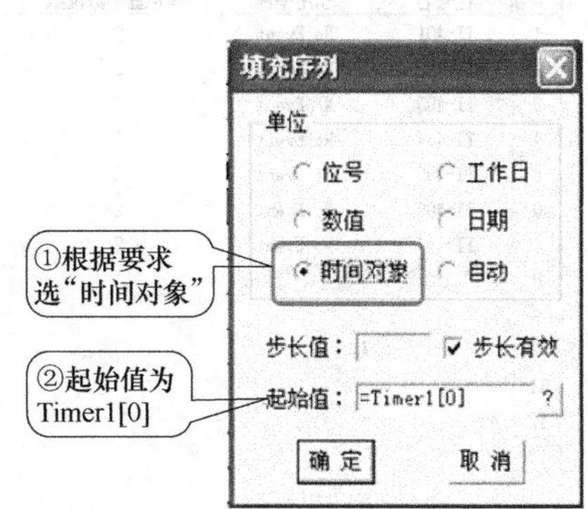

图 1-85　时间量的填充操作步骤

(2) 时间量的填充

选中第三行的 C～J 列，单击菜单栏“编辑”中的“填充”菜单项，或用快捷键“ALT+S”，即可弹出“填充序列”对话框，操作步骤如图 1-85 所示。

单击“确定”完成，效果如图 1-86 所示。

班报表 - SCFormEx--- 软件狗没有正确安装 剩余时间 01:14:00

文件(F) 编辑(E) 插入(I) 格式(O) 数据(D) 帮助(H)

行11 : 列10

	A	B	C	D	E	F	G	H	I	J
1	班报表									
2	____班____组 组长______记录员______						____年____月____日			
3	时间		=Timer1[0]	=Timer1[1]	=Timer1[2]	=Timer1[3]	=Timer1[4]	=Timer1[5]	=Timer1[6]	=Timer1[7]
4	内容	描述	数据							
5	TI401	筛板塔塔釜温度								
6	TI402	筛板塔第一塔节温度								
7	TI403	筛板塔第二塔节温度								
8	TI404	筛板塔第三塔节温度								
9	TI405	筛板塔第四塔节温度								
10	TI406	筛板塔塔顶温度								
11	TI407	筛板塔回流温度								

如需帮助，请按F1键　数字

图 1-86　时间量的效果图

5. 位号量的组态和填充

班报表上的第五至十一行中一些单元格要求填充指定位号的实时数据，这些数据均要求记录两位小数。

(1) 位号量的组态

选中［数据]/<位号引用> 菜单项，先对位号 TI-401 进行引用：位号名一栏为“TI-

401”，引用事件一栏为“No Event”；模拟量小数位数一栏为 2；“描述”中可进行相关的注释；同样的方法，引用另外几个位号，点击“退出”，回到编辑界面。效果如图 1-87 所示。

（2）位号量的填充

选中第五行的 C～J 列，单击菜单栏“编辑”中的“填充”菜单项，或用快捷键“ALT+S”，即可弹出“填充序列”对话框，操作步骤如图 1-88 所示。

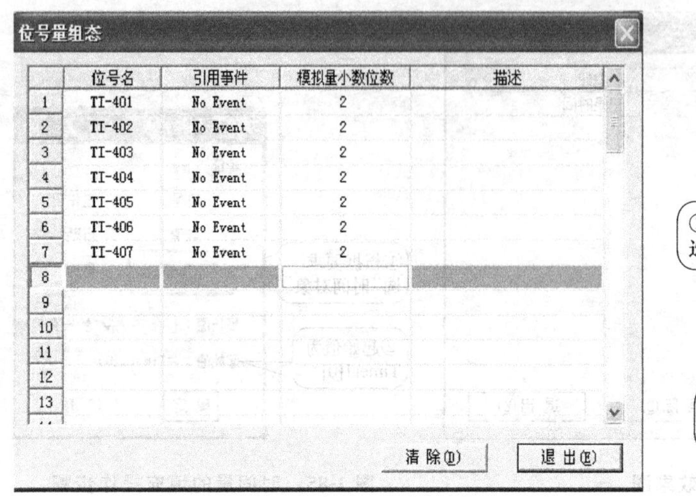

	位号名	引用事件	模拟量小数位数	描述
1	TI-401	No Event	2	
2	TI-402	No Event	2	
3	TI-403	No Event	2	
4	TI-404	No Event	2	
5	TI-405	No Event	2	
6	TI-406	No Event	2	
7	TI-407	No Event	2	
8				
9				
10				
11				
12				
13				

图 1-87　位号量的组态

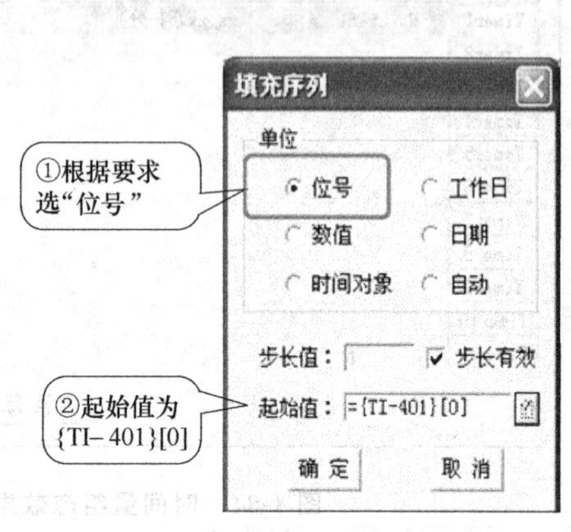

图 1-88　位号量的填充操作步骤

单击“确定”完成。采用同样的方法，填充另外的一些位号，效果如图 1-89 所示。

班报表 - SCFormEx--- 软件狗没有正确安装 剩余时间 01:15:00

文件(F) 编辑(E) 插入(I) 格式(O) 数据(D) 帮助(H)

	A	B	C	D	E	F	G	H	I	J
1	班报表									
2	___班___组 组长______记录员________ ____年___月___日									
3	时间		=Timer1[0]	=Timer1[1]	=Timer1[2]	=Timer1[3]	=Timer1[4]	=Timer1[5]	=Timer1[6]	=Timer1[7]
4	内容	描述	数据							
5	TI401	筛板塔塔釜温度	={TI-401}[0]	={TI-401}[1]	={TI-401}[2]	={TI-401}[3]	={TI-401}[4]	={TI-401}[5]	={TI-401}[6]	={TI-401}[7]
6	TI402	筛板塔第一塔节温度	={TI-402}[0]	={TI-402}[1]	={TI-402}[2]	={TI-402}[3]	={TI-402}[4]	={TI-402}[5]	={TI-402}[6]	={TI-402}[7]
7	TI403	筛板塔第二塔节温度	={TI-403}[0]	={TI-403}[1]	={TI-403}[2]	={TI-403}[3]	={TI-403}[4]	={TI-403}[5]	={TI-403}[6]	={TI-403}[7]
8	TI404	筛板塔第三塔节温度	={TI-404}[0]	={TI-404}[1]	={TI-404}[2]	={TI-404}[3]	={TI-404}[4]	={TI-404}[5]	={TI-404}[6]	={TI-404}[7]
9	TI405	筛板塔第四塔节温度	={TI-405}[0]	={TI-405}[1]	={TI-405}[2]	={TI-405}[3]	={TI-405}[4]	={TI-405}[5]	={TI-405}[6]	={TI-405}[7]
10	TI406	筛板塔塔顶温度	={TI-406}[0]	={TI-406}[1]	={TI-406}[2]	={TI-406}[3]	={TI-406}[4]	={TI-406}[5]	={TI-406}[6]	={TI-406}[7]
11	TI407	筛板塔回流温度	={TI-407}[0]	={TI-407}[1]	={TI-407}[2]	={TI-407}[3]	={TI-407}[4]	={TI-407}[5]	={TI-407}[6]	={TI-407}[7]

如需帮助，请按F1键　　数字

图 1-89　位号量的效果图

6. 事件组态

选中［数据］/<事件定义> 菜单项，对 Event［1］进行组态。表达式一栏中写入如下表达式：GETCURTIME ()=08：00 OR GETCURTIME ()=16：00 OR GETCURTIME ()=00：00。事件死区一栏中写入“60”，“描述”一栏中写入“报表输出”。点击“退出”，回到编辑界面，事件组态完成。效果如图 1-90 所示。

事件组态

事件名	表达式	事件死区	描述
Event[1]	ME()=08:00 OR GETCURTIME()=16:00 OR GETCURTIME()	60	
Event[2]			
Event[3]			
Event[4]			
Event[5]			
Event[6]			
Event[7]			
Event[8]			
Event[9]			
Event[10]			
Event[11]			
Event[12]			

Event[1] (报表输出)
表达式正确!

清 除(D)
退 出(E)

图 1-90　事件组态的效果图

7. 报表输出定义组态

选中［数据］/<报表输出>菜单项，在报表输出对话框中，将确定报表周期、记录周期、记录方式、事件输出。班报表的输出周期为 8 小时，记录周期为 1 小时，记录方式为循环，输出事件为"Event［1］"。点击"确认"，回到报表组态界面，输出设置完成。效果如图 1-91 所示。

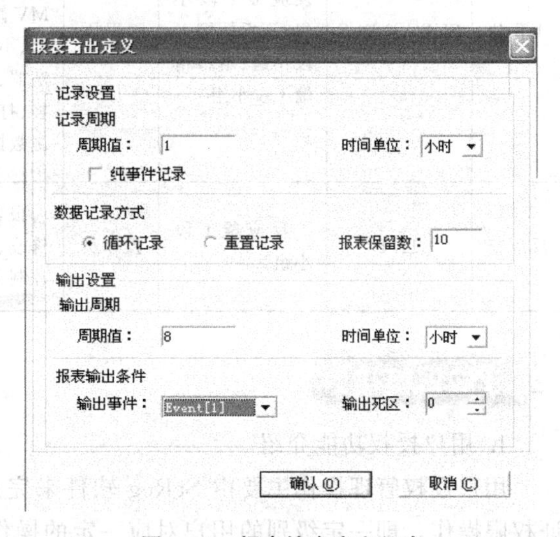

图 1-91　报表输出定义组态

8. 系统联编

制作完成后，先点击保存图标将整个组态文件进行保存。然后进行全体编译，如果编译正确，至此报表的组态工作全部完成，在 AdvanTrol 监控软件中运行整个 SCKey 组态，可以观察报表的运行情况。

9. 考核验收

根据每名学生计算机中完成的乙酸乙酯班报表软件和任务完成过程中的表现情况，进行学习评价，并依据评价标准给出成绩。

任务八　JX-300XP DCS 用户授权管理的设置

【任务描述】

学生先根据表 1-22 的要求进行用户授权设置，需建立 3 个用户，使学生掌握用户授权管理软件操作（包括各用户名、密码、允许访问的操作小组名称、对应的角色、角色对应的功能）的方法。

表 1-22　用户授权管理

用户名	用户密码	允许访问的操作小组名称	权限	角色对应功能
系统维护	学号＋姓名	工程师小组、反应釜工段小组、筛板精馏工段小组、填料精馏工段小组	特权	SCKey和SCTask中可进行组态，系统退出，位号查找，报表打印，系统状态信息查看，屏幕拷贝打印，报表在线修改，操作记录查看，报警声音修改，报警界面屏蔽，趋势画面设置，SV修改、MV修改、阀位高低限、小信号切除、AI累积值、前馈和串级反馈控制、比值控制、乘法器、打印机配置、启动实施数据浏览软件、调节器正反作用设置、模入手工置值限、回路控制方式切换、系统热键屏蔽、打开网络模块界面、打开趋势记录界面、打开时间同步界面、退出实时数据服务、服务器冗余切换、历史数据查询、历史数据备份、启动选项
工程师	SUPCONDCS	工程师小组、反应釜工段小组、筛板精馏工段小组、填料精馏工段小组	工程师-	SCKey和SCTask中可进行组态，系统退出，位号查找，报表打印，系统状态信息查看，屏幕拷贝打印，报表在线修改，操作记录查看，报警声音修改，报警界面屏蔽，趋势画面设置，SV修改、MV修改、历史数据查询、历史数据备份、启动选项、阀位高低限、小信号切除、AI累积值、前馈和串级反馈控制、比值控制、乘法器、调节器正反作用设置、模入手工置值限、回路控制方式切换、打印机配置、打开趋势记录界面、打开时间同步界面、启动实施数据浏览软件、打开网络模块界面、服务器冗余切换
反应釜	1111	反应釜工段小组	操作员	报表打印、屏幕拷贝打印、报表在线修改、操作记录查看、MV修改、报警界面屏蔽、趋势画面设置、调节器正反作用设置、回路控制方式切除、模入手工置值限、历史数据查询、历史数据备份

【知识链接】

1. 用户授权功能介绍

用户授权管理操作主要由ScReg软件来完成。通过在软件中定义不同级别的用户来保证权限操作，即一定级别的用户对应一定的操作权限。对每个用户也可专门指定（或删除）其某种授权。用户授权软件主要是对用户信息进行组态，其功能如下：

① 一个用户关联一个角色；

② 用户的所有权限都来自于其关联的角色；

③ 用户的角色等级也来自于角色列表中的角色；

④ 可设置的角色等级分成8级，分别为：操作员－、操作员、操作员＋、工程师－、工程师、工程师＋、特权－、特权；

⑤ 角色的权限分为：功能权限、数据权限、特殊位号、自定义权限、操作小组权限；

⑥ 只有超级用户admin才能进行用户授权设置，其他用户均无权修改权限，工程师及工程师以上级别的用户可以修改自己的密码。admin的用户等级为特权＋，权限最大，默认密码为supcondcs。

2. 用户授权界面介绍

如图1-92所示。

（1）菜单栏

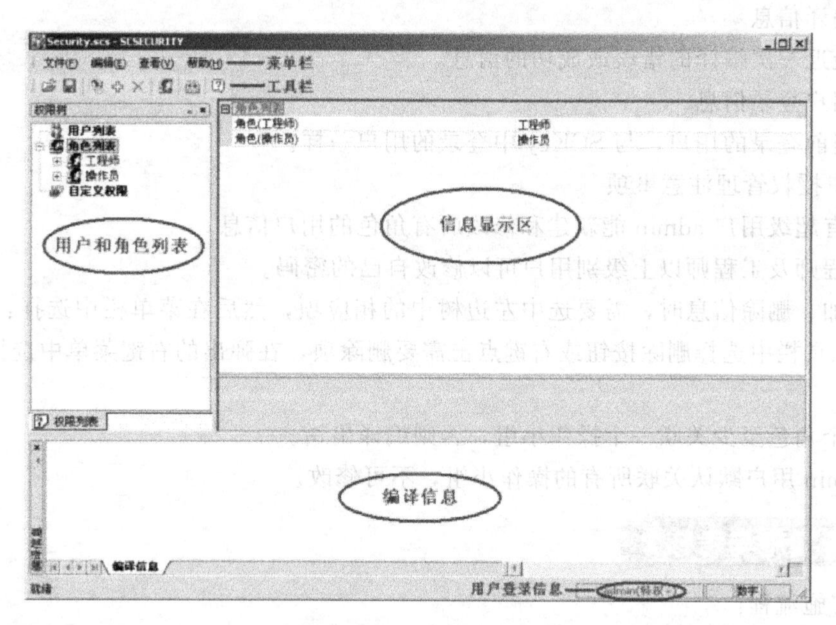

图 1-92　用户授权界面

文件：用于打开、保存 .scs 文件和退出用户授权界面。

编辑：提供编辑的功能，包括：添加用户向导、添加、删除、管理员密码和编译。

查看：用于设置显示和隐藏权限树、编译信息、工具栏和状态栏。

帮助：提供使用说明和用户权限组态的版本、版权等信息。

(2) 工具栏

打开：可以单独打开每个组态的用户管理文件进行用户授权组态。

保存：对修改的信息进行保存操作。

向导：以向导形式添加用户。

添加：根据权限树中所选项的不同，添加不同的内容。如选中“用户列表”，可以添加新用户；选中“角色列表”，可以添加新角色。

删除：根据权限树中所选项不同，删除不同的内容。可以删除单个用户、单个角色、单个自定义权限等。

管理员密码：可以对超级用户“admin”的密码进行修改。

编译：仅对用户信息进行编译。

关于：提供用户授权软件的版本及版权信息。

(3) 权限树

用户列表：包含该组态中的所有用户。

角色列表：包含该组态用户中的所有角色。角色列表中的单个角色包含有功能权限、数据权限、特殊位号、自定义权限、操作小组权限以及用户列表。

自定义权限：包含该组态中所有的自定义权限。

(4) 信息显示区

具体显示权限树中所选项的信息。有用户列表、单个用户、角色列表、单个角色、角色的数据权限、角色的功能权限、角色的特殊位号权限、角色的自定义权限、角色的操作小组权限以及所有自定义权限列表。

(5) 编译信息

显示最近一次编译的错误或成功的信息。

(6) 用户登录信息

显示当前登录的用户，与SCKey中登录的用户一样。

3. 用户授权管理注意事项

① 只有超级用户admin能新建和修改所有角色的用户信息。

② 工程师及工程师以上级别用户可以修改自己的密码。

③ 添加、删除信息时，需要选中左边树中的相应项，然后在菜单栏中选择：[编辑/删除] 或在工具栏中选择删除按钮或右键点击需要删除项，在弹出的右键菜单中选择删除菜单项即可。

④ 每个角色至少关联一个操作小组，否则编译出错。

⑤ admin用户默认关联所有的操作小组，不可修改。

【任务实施与考核】

任务实施流程：

1. 启动用户授权软件

启动步骤如图1-93所示：

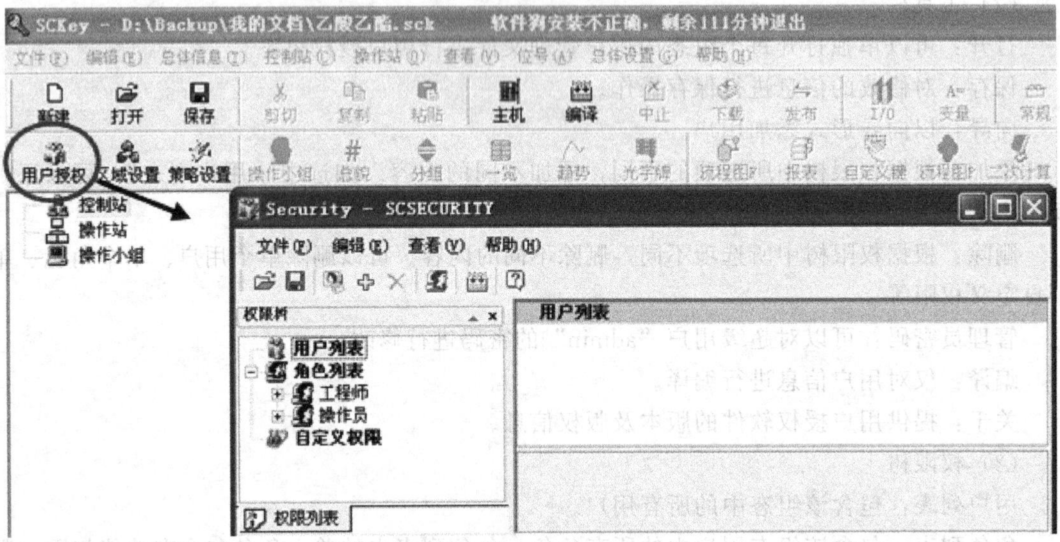

图1-93 启动用户授权软件步骤

2. 添加新用户

操作步骤如图1-94所示：

新建用户和角色成功后，在用户列表和角色列表中列出新建的用户和角色，点击向导按钮可重复以上过程设置其他级别的用户。

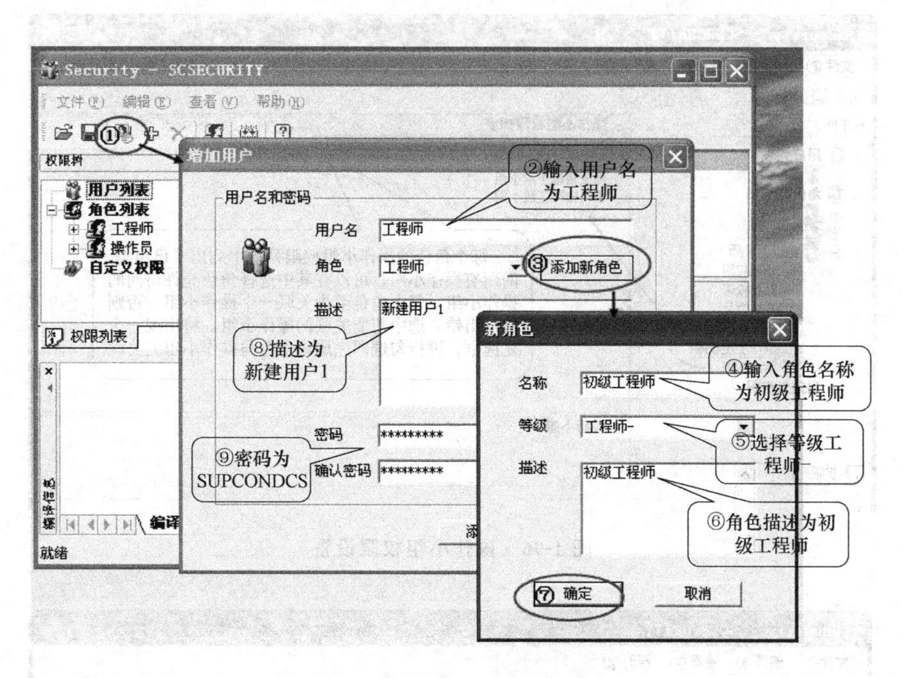

图 1-94　添加新用户步骤

3. 功能权限设置

操作步骤如图 1-95 所示：

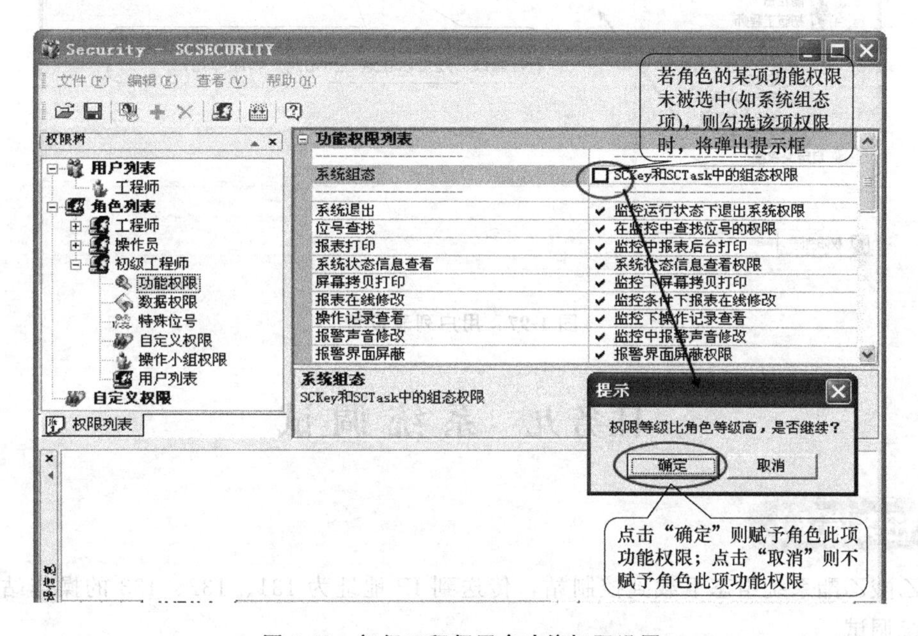

图 1-95　初级工程师用户功能权限设置

4. 操作小组权限设置

操作步骤如图 1-96 所示：

5. 用户列表设置

操作步骤如图 1-97 所示：

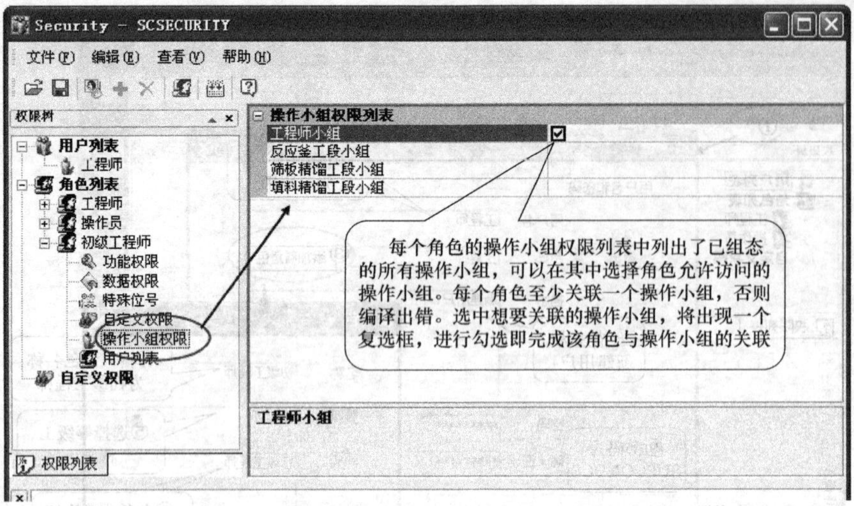

图 1-96 操作小组权限设置

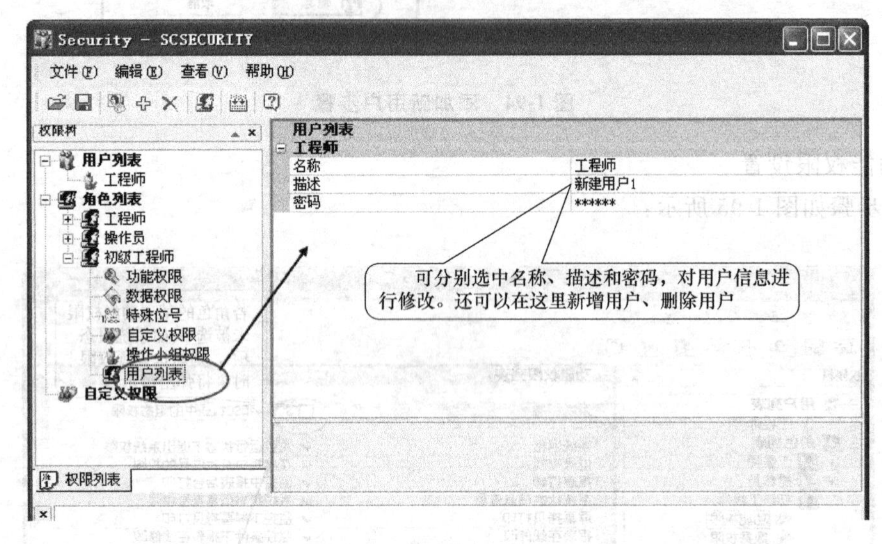

图 1-97 用户列表设置

任务九 系统调试

【任务描述】

把乙酸乙酯系统组态下载到控制站，传送到 IP 地址为 131、132、133 的操作站，然后进行系统调试。

【知识链接】

1. 系统上电

在系统上电前，必须确保系统地、安全地、屏蔽地已连接好，并符合 DCS 的安装要求。必须确保 UPS 电源（如果有）、控制站 220V 交流电源、控制站 5V、24V 直流电源、操作站 220V 交流电源等均已连接好，并符合设计要求。然后按下列步骤上电：

（1）打开总电源开关；

（2）打开不间断电源（UPS）的电源开关；

（3）打开各个支路电源开关；

（4）打开操作站显示器电源开关；

（5）打开操作站工控机电源开关；

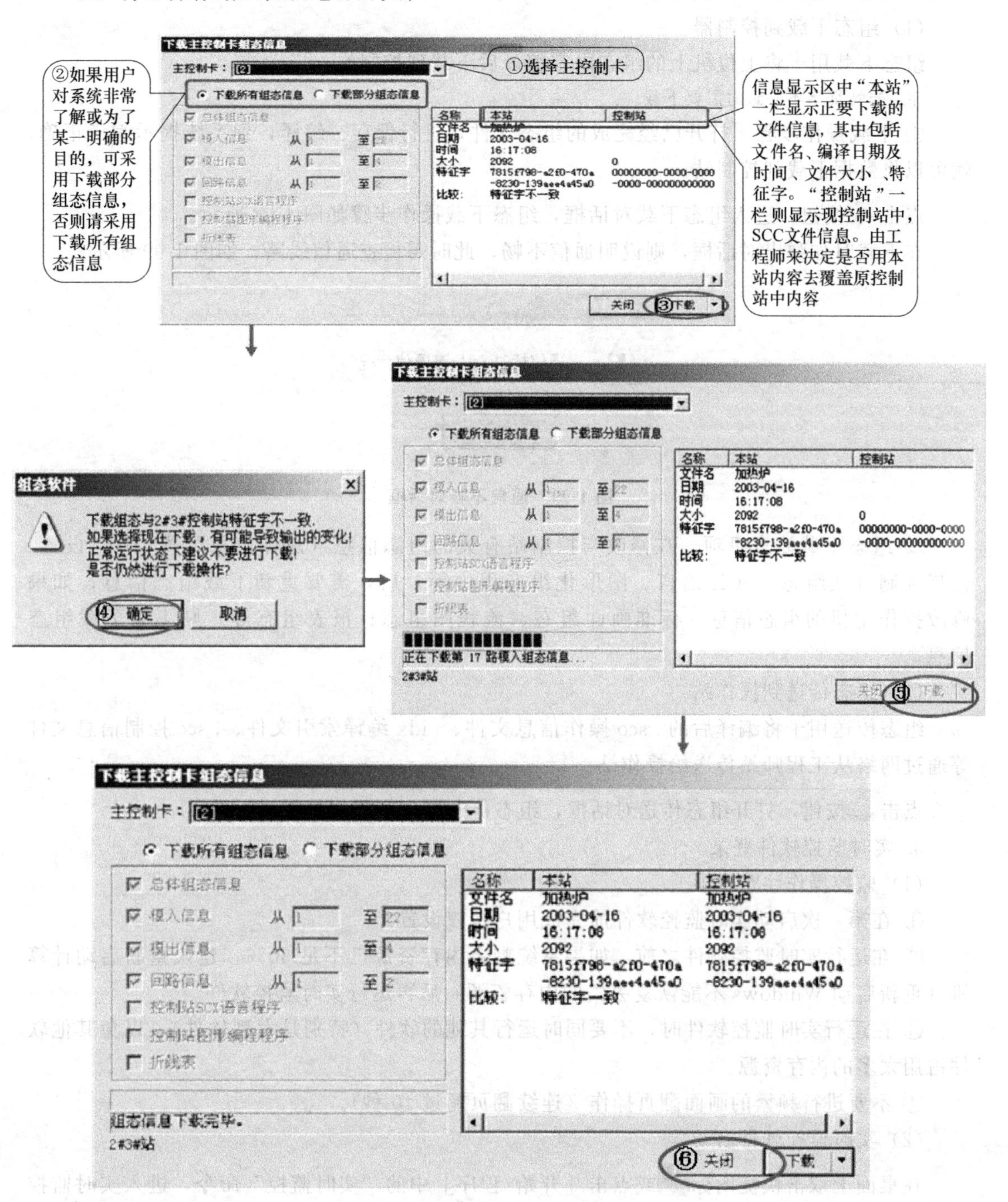

图 1-98　组态下载操作步骤

（6）最后逐个打开控制站电源开关。

注意：不正确的上电、停电顺序可能会对系统的部件产生大的冲击，影响系统寿命，甚至直接破坏系统。

2．组态下载和传送

完成上电工作后，需查看通信是否通畅，各个卡件是否工作正常，上位机的安装是否满足相关规范，然后开始下载组态。

（1）组态下载到控制器

组态下载用于将上位机上的组态内容编译后下载到控制站。

注：当特征字不一致时需要下载。

① 下载操作步骤　打开已经完成的组态文件，进行保存、编译，到系统提示编译正确，就可以将数据下载到控制站。

点击下载按钮，进入组态下载对话框，组态下载操作步骤如图1-98所示。

在下载时如弹出对话框，则说明通信不畅，此时需检查通信线路，如图1-99所示。

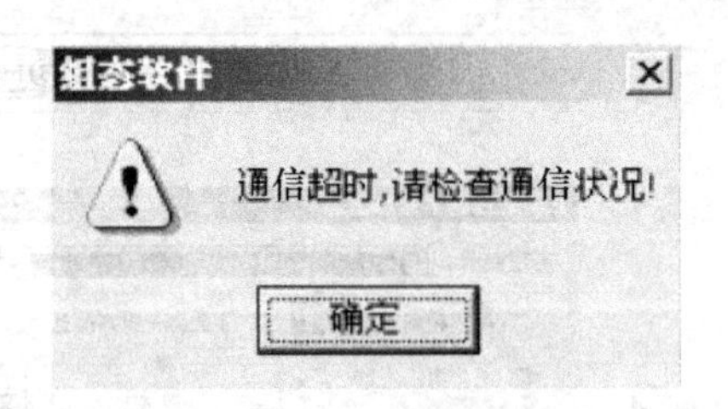

图1-99　通信不畅对话框

② 组态下载注意事项　在修改与控制站有关的组态信息（总体信息配置、I/O设置、常规控制方案组态、SCX语言、图形化组态程序等）后，需要重新下载组态信息；如果修改操作主机的组态信息（标准画面组态、流程图组态、报表组态等）则不需下载组态信息。

（2）组态传送到操作站

组态传送用于将编译后的.sco操作信息文件、.idx编译索引文件、.scc控制信息文件等通过网络从工程师站传送给操作站。

点击传送按钮，打开组态传送对话框，组态传送操作步骤如图1-100所示。

3．实时监控软件登录

（1）监控操作注意事项

① 在第一次启动实时监控软件前完成用户授权设置。

② 在运行实时监控软件之前，如果系统剩余内存资源已不足50%，建议重新启动计算机（重新启动Windows不能恢复丢失的内存资源）后再运行实时监控软件。

③ 在运行实时监控软件时，不要同时运行其他的软件（特别是大型软件），以免其他软件占用太多的内存资源。

④ 不要进行频繁的画面翻页操作（连续翻页超过10秒）。

（2）实时监控软件启动

在桌面上双击快捷图标实时监控或点击［开始/程序］中的“实时监控”命令，进入实时监控画面。

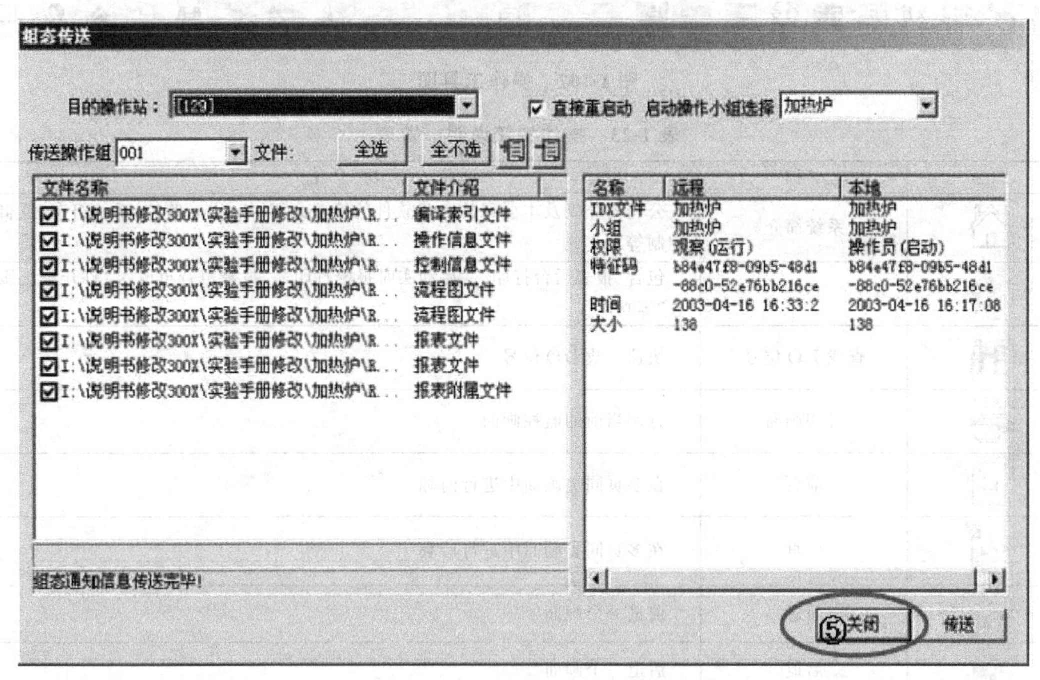

图 1-100　组态传送操作步骤

(3) 实时监控软件说明

① 实时监控软件简介　是控制系统的上位机监控软件，通过鼠标和操作员键盘的配合使用，可以方便地完成各种监控操作。在这个平台上，操作人员通过各种监控画面监视工艺对象的数据变化情况，发出各种操作指令来干预生产过程，从而保证生产系统正常运行。实时监控界面如图 1-101 所示。

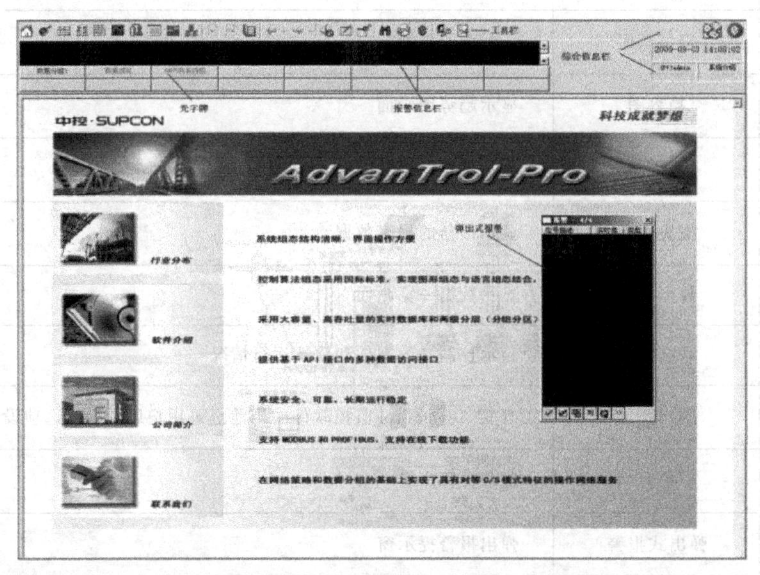

图 1-101　实时监控界面

② 监控操作按钮一览　监控画面中有 23 个形象直观的操作工具图标，如图 1-102 所示，这些图标基本包括了监控软件的所有总体功能。各功能图标的说明如表 1-23 所示。

图 1-102 操作工具图

表 1-23 操作按钮说明一览表

图标	名称	功能
	系统简介	公司简介以及本公司的一些软件的简要介绍，如：实时监控、系统组态、逻辑控制等
	系统	包含“报表后台打印”、“启动实时报警打印”、“报警声音更改”、“打开系统服务”等功能
	查找I/O位号	快速查找I/O位号
	打印画面	打印当前的监控画面
	前页	在多页同类画面中进行前翻
	后页	在多页同类画面中进行后翻
	前进	前进一个画面
	后退	后退一个画面
	翻页	左击在多页同类画面中进行不连续页面间的切换；右击在任意画面中切换
	报警一览	显示系统的所有报警信息
	系统总貌	显示系统总貌画面
	控制分组	显示控制分组画面
	调整画面	显示调整画面
	趋势图	显示趋势图画面
	流程图	显示流程图画面
	报表画面	显示最新的报表数据
	数据一览	显示数据一览画面
	系统状态	显示控制站的硬件和软件运行情况
	用户登录	改变AdvanTrol监控软件的当前登录用户以及进行选项设置
	消音	屏蔽报警声音
	弹出式报警	弹出报警提示窗
	退出系统	退出AdvanTrol监控软件
	操作记录一览	显示系统所有操作记录

4. 卡件指示灯说明

(1) 主控卡 XP243 状态指示灯（见表 1-24）

表 1-24　主控卡 XP243 状态指示灯

指示灯		名称	颜色	单卡上电启动	备用卡上电启动	正常运行	
						工作卡	备用卡
FAIL		故障报警或复位指示	红	亮→暗→闪一下→暗	亮→暗	暗(无故障情况下)	暗(无故障情况下)
RUN		运行指示	绿	亮→暗	与 STDBY 配合交替闪	闪(频率为采样周期的两倍)	暗
WORK		工作/备用指示	绿	亮	暗	亮	暗
STDBY		准备就绪	绿	亮→暗	与 RUN 配合交替闪(状态拷贝)	暗	闪(频率为采样周期的两倍)
通信	LED-A	0＃网络通信指示	绿	暗	暗	闪	闪
	LED-B	1＃网络通信指示	绿	暗	暗	闪	闪
Slave		I/O 采样运行状态	绿	暗	暗	闪	闪

(2) 数据转发卡 XP233 状态指示灯（见表 1-25）

表 1-25　数据转发卡 XP233 状态指示灯

指示灯	FAIL 出错指示	RUN 运行指示	WORK 工作/备用指示	COM 通信指示	POWER 电源指示
颜色	红	绿	绿	绿	绿
正常	暗	亮	亮(工作)暗(备用)	闪(工作:快闪)闪(备用:慢闪)	亮
故障	亮	暗	—	暗	暗

(3) I/O 卡件状态指示灯（见表 1-26）

表 1-26　I/O 卡件状态指示灯

LED 指示灯	FAIL(红)	RUN(绿)	WORK(绿)	COM(绿)	POWER(绿)
意义 / 状态	故障指示	运行指示	工作/备用	通信指示	5V 电源指示
常灭	正常	不运行	备用	无通信	故障
常亮	自检故障	CPU 故障	工作	组态错误	正常
闪	CPU 复位	正常	切换中	正常	硬件故障

(4) 开关量通道指示灯（见表 1-27）

表 1-27　开关量通道指示灯

LED 灯指示状态		通道状态指示	LED 灯指示状态		通道状态指示
CH1/2	绿-红闪烁	通道 1:ON　通道 2:ON	CH5/6	绿-红闪烁	通道 5:ON　通道 6:ON
	绿	通道 1:ON　通道 2:OFF		绿	通道 5:ON　通道 6:OFF
	红	通道 1:OFF　通道 2:ON		红	通道 5:OFF　通道 6:ON
	暗	通道 1:OFF　通道 2:OFF		暗	通道 5:OFF　通道 6:OFF
CH3/4	绿-红闪烁	通道 3:ON　通道 4:ON	CH7/8	绿-红闪烁	通道 7:ON　通道 8:ON
	绿	通道 3:ON　通道 4:OFF		绿	通道 7:ON　通道 8:OFF
	红	通道 3:OFF　通道 4:ON		红	通道 7:OFF　通道 8:ON
	暗	通道 3:OFF　通道 4:OFF		暗	通道 7:OFF　通道 8:OFF

5. 状态检查和功能测试

(1) 检查各部件状态是否正常

(2) 对系统进行功能测试（卡件冗余切换、供电冗余、网络冗余）

系统冗余测试的目的是确保系统中各类冗余部件协同工作正常。

(3) 对系统软件功能进行测试

测试内容主要包含以下几个方面：

① 系统是否完成了用户在流程画面方面的要求；

② 测试操作员站的报警管理功能是否符合要求；

③ 测试数据一览的功能是否符合要求；

④ 测试系统的历史数据管理功能（趋势图）是否符合要求；

⑤ 测试定时报表打印、随机报表打印；

⑥ 测试屏幕硬拷贝功能、口令管理；

⑦ 测试工程应用中涉及的控制方案是否能够实现，并在此阶段将控制方案成型。

6. 通道测试

测试时，直接在 I/O 卡件端子上输入模拟信号或者接入测量用的万用表等工具，以测试 I/O 卡件的输入输出是否正常。

对输入通道，用标准表从端子排给信号，检查组态是否正确，精度是否满足要求。

对输出通道，利用操作站改变输出变量，用万用表在端子排测量信号是否满足要求。

7. 系统联调

当现场仪表安装完毕、信号电缆已经按照接线端子图连接完毕并已通过上电检查等各步骤后，可以进行系统模拟联调。

联调的方法和前文所述的 I/O 通道调试基本相同，只是通道调试采用的是模拟信号，而系统联调采用的是真实的现场设备信号。

联调的内容主要有以下几方面。

① 对各模拟信号进行联动调试，确认连线正确，显示正常。

② 对各调节信号进行联动调试，确认阀门动作正常、气开气关正确、根据工艺确定正反作用。

③ 联系现场设备，确定 DO 信号控制现场设备动作正常，DI 信号显示正常。

④ 联系现场设备，确定控制方案动作正常，联锁输出正常，能满足工艺开车的需要。

⑤ 联调后，以下三个问题应解决，以保证系统可以顺利投运。

⑥ 信号错误，包括接线、组态问题。

⑦ DCS 与现场仪表匹配问题。

⑧ 现场仪表是否完好。

8. 系统投运

所谓控制系统的投运，是指当系统设计、安装、调试就绪，或者经过停车检修之后，使控制系统投入使用的过程。要使控制系统顺利地投入运行，首先必须保证整个系统的每一个组成环节都处于完好的待命状态。这就要求操作人员（包括仪表人员）在系统投运之前，对控制系统的各种装置、连接管线、供气、供电等情况进行全面检查。同时要求操作人员掌握工艺流程，熟悉控制方案，了解设计意图，明确控制目的与指标，懂得主要设备的功能，以及所用仪表的工作原理和操作技术等。

【任务实施与考核】

任务实施与考核流程：

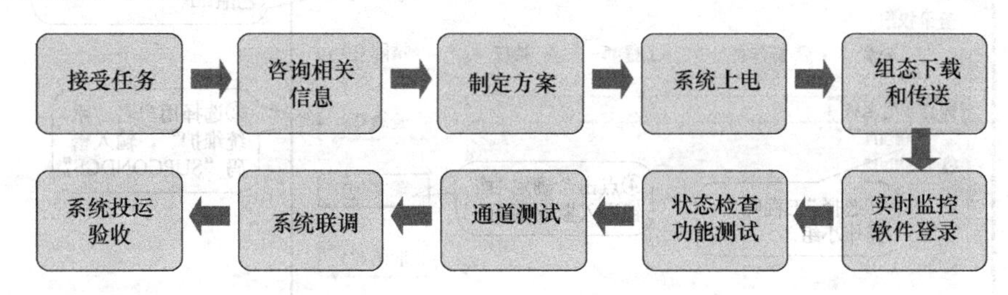

1. 系统上电

2. 组态下载和传送

(1) 网络调试

网络的物理设备连接好后，利用系统自带的"ping"命令检测网内各节点间的网络是否通畅，具体测试步骤如下。

选择一个工程师站或任意一台操作员站作为基站，进行网络测试，对于整个系统中任何一个端口都要进行测试，确保网络正常工作。

在计算机的"开始 \ 运行"里键入下面的 DOS 命令：ping128. 128. X. XXX-t。

如在工程师站上输入"ping128. 128. 1. 2-t"即测试工程师站和 2 号主控的通信端口 A 之间的通信状况，如图 1-103 所示。

图 1-103　输入 ping 命令

检测标准：在一段时间内网络响应时间 time 小于 10ms，表示该节点网络顺畅。

① 若网络通畅，现象如下：Reply form 128. 128. 1. 2：bytes＝32 time＜10ms TTL＝128；

② 若网络故障，现象如下：Destination net unreachable 或者 Request timed out。

(2) 组态下载

点击下载按钮，将打开组态下载对话框：选择地址为 2 的主控制卡，选择下载所有组态信息，点击下载按钮；弹出提示框，点击确定，开始下载；点击"关闭"按钮，关闭对话框，组态下载完成。

(3) 组态传送

或点击传送按钮，打开组态传送对话框，选择目的操作站 131、132 或 133；点击"传送"按钮，开始组态传送，点击"关闭"按钮，关闭对话框，组态传送结束。

3. 实时监控软件登录

在桌面上双击快捷图标或点击［开始/程序］中的"实时监控"命令，弹出实时监控软件启动的"组态文件"对话框，如图 1-104 所示，点击确定，进入实时监控画面。

4. 状态检查和功能测试

(1) 检查各部件状态是否正常

(2) 对系统进行功能测试（供电冗余、网络冗余、卡件冗余切换）

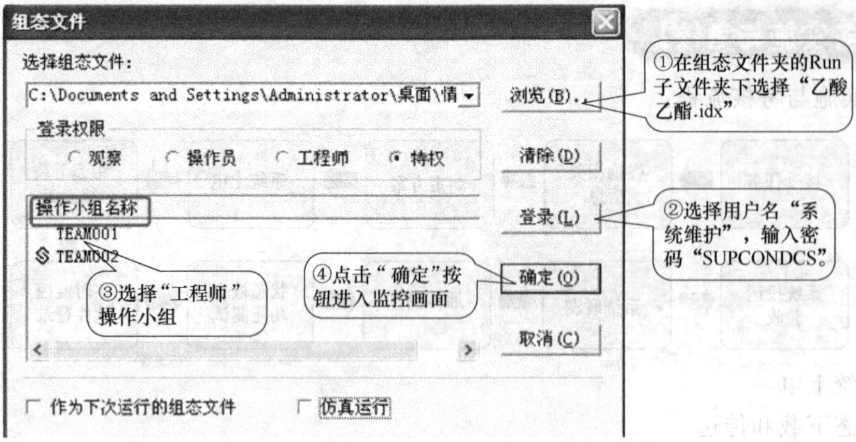

图 1-104 启动乙酸乙酯监控软件

① 主控卡的冗余测试 在操作站上点击按钮，将监控画面切换到故障诊断画面，如图 1-105 所示。

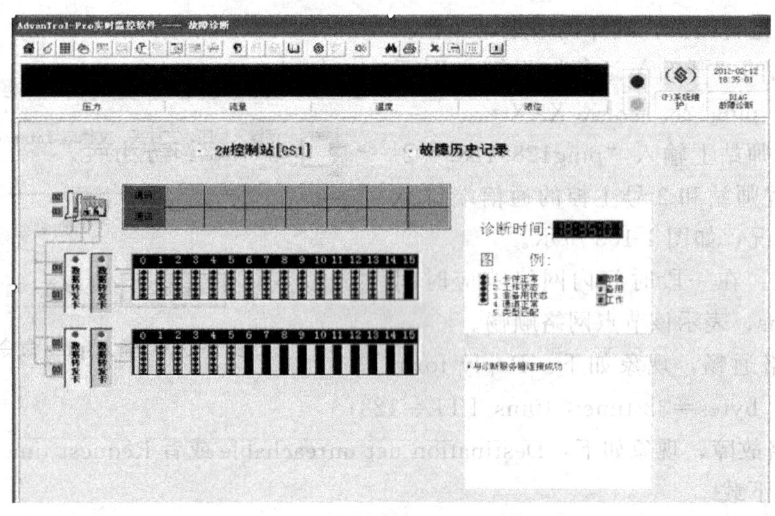

图 1-105 故障诊断画面

将控制站互为冗余的两块主控卡中的工作卡拔出，观察另一块主控卡是否能够从后备状态切换至工作状态，观察切换时其他卡件运行情况；同时注意观察系统的控制结果在切换前后是否有异常。

交换测试，确保两块卡能相互间无扰切换。

测试完毕后，填写表 1-28。

表 1-28 主控卡的冗余测试

主 控 卡	无扰切换	故障切换	是否抢控制权
控制站主/备卡			

② 数据转发卡的冗余测试 将控制站互为冗余的数据转发卡中的工作卡拔出，观察另一块转发卡是否能够从后备状态切换至工作状态；同时注意观察本机笼 I/O 卡件在切换的过程中是否受到扰动。

将拔出的数据转发卡插回机笼，观察插入后插入通信报警是否正确。

交换测试，确保两块卡能无扰切换。

测试完毕后，填写表 1-29。

表 1-29　数据转发卡的冗余测试

数据转发卡	无扰切换	故障切换	是否抢控制权
00/01			

③ 通信端口的冗余测试　只保留一个通信端口，进行单口的组态下载，观察下载能否顺利、通畅进行。

将互为冗余的两层通信网络分别破坏，如拔出一根与网卡或主控卡的通信线，断开两根与主控卡相连的通信电缆（一上一下）或其他可模拟的故障方式，观察系统能否正常通信，观察主控卡的切换能否完成。

测试完毕后，填写表 1-30。

表 1-30　通信端口的冗余测试

通　信　端　口	正常	不正常	备注
___#主控卡 1#端口			
___#主控卡 2#端口			
___#主控卡 1#端口			
___#主控卡 2#端口			
129 网卡 1#端口			
129 网卡 2#端口			

④ HUB 的冗余测试　只让一个 HUB 带电工作，另一个 HUB 停电，进行组态下载，观察下载是否能够通畅完成。

测试完毕后，填写表 1-31。

表 1-31　HUB 的冗余测试

HUB 工作	正常	不正常	备注
1#HUB 单独工作			
2#HUB 单独工作			
1#、2#HUB 同时工作			

（3）对系统软件功能进行测试

5. 通道测试

（1）模拟输入信号测试

I/O 卡件的通道测试，亦可称为静态调试。在这时需要检查各个 I/O 通道是否工作正常。一般的测试方法是对每一通道进行 25%、50%、75%三点测试，并记录相应数据。填写表 1-32。

表 1-32　模拟输入信号测试

模拟信号测试记录							
位号	信号通道地址	正端	负端	信号量程	25%FS	50%FS	75%FS
测试结果							

（2）开入信号测试

根据组态信息对信号进行逐一测试。用一短路线将对应信号端子短接与断开，同时观察操作站实时监控画面中对应开关量显示是否正常，并记录测试数据。填写表 1-33。

表 1-33　开入信号测试

开入信号测试记录					
位号	信号通道地址	正端	负端	短接	断开
测试结果					

（3）模拟输出信号测试

根据组态信息选择相应的内部控制仪表，手动改变 MV（阀位）值，MV 值一般顺序地选用 25％FS、50％FS、75％FS，同时用万用表测量对应卡件信号端子输出电流（Ⅱ或Ⅲ型）同时观察操作站实时监控画面中对应模出量是否与手动输入的 MV 值正确对应，并作记录。填写表 1-34。

表 1-34　模拟输出信号测试

模拟输出信号测试记录							
位号	信号通道地址	正端	负端	信号量程	25％FS	50％FS	75％FS
测试结果							

（4）开出信号测试

根据组态信息选择相应的内部控制仪表，改变开关量输出的状态，同时用万用表在信号端子侧测量其电阻值或电压值，并记录开关闭合和断开时端子间的测试值。填写表 1-35。

表 1-35　开出信号测试

开出信号测试记录					
位号	信号通道地址	正端	负端	开关闭合时测试	开关断开时测试
测试结果					

6. 系统联调

系统和现场的一次原件联动调试。

7. 系统投运验收

系统联调完成，各测点、阀门、点击动作正常；控制方案模拟运行正常；工艺条件成熟，可以进行系统投运。

8. 考核验收

根据每名学生上交表 1-28～表 1-35 填写情况和任务完成过程中的表现情况，进行学习评价，并依据评价标准给出成绩。

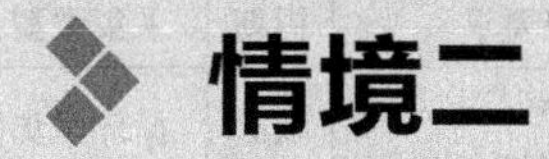

情境二

日本横河 CS3000 DCS 控制系统在加热炉中的选型、安装与操作

【情景描述】

要求用 CENTUM-CS3000 DCS 装置设计一套加热炉的控制系统用于石化公司常减压加热炉装置，根据测点清单进行前期设计、硬件选型、设备安装、组态设计以及系统运行调试。测点清单如表 2-1 所示。

表 2-1 测点清单

序号	位号	描述	I/O	类型	量程	单位	报警要求	周期	采集类型
1	PI102	原料加热炉烟气压力	AI	4～20mA	－100～0	Pa	90%高报	1s	循环采集
2	LI101	原料油储罐液位	AI	4～20mA	0～100	%	100%高高报	2s	循环采集
3	FI001	加热炉原料油流量	AI	4～20mA	0～500	m^3/h	跟踪值 250 高偏差 40	60s	循环采集
4	FI104	加热炉燃料气流量	AI	4～20mA	0～500	m^3/h	下降速度 10%/s 报警	60s	循环采集
5	TI106	原料加热炉炉膛温度	TC	K	0～600	℃	上升速度 10%/s 报警	2s	循环采集
6	TI107	原料加热炉辐射段温度	TC	K	0～1000	℃	10%低报	1s	循环采集
7	TI102	反应物加热炉炉膛温度	TC	K	0～600	℃	跟踪值 300 高偏差 100 低偏差 80	2s	循环采集
8	TI103	反应物加热炉入口温度	TC	K	0～400	℃	跟踪值 300 高偏差 30 低偏差 20	2s	循环采集
9	TI104	反应物加热炉出口温度	TC	K	0～600	℃	90%高报	2s	循环采集
10	TI108	原料加热炉烟囱段温度	TC	E	0～300	℃	下降速度 15%/s 报警	2s	循环采集
11	TI111	原料加热炉热风道温度	TC	E	0～200	℃	上升速度 15%/s 报警	2s	循环采集
12	TI101	原料加热炉出口温度	RTD	Pt100	0～600	℃	90%高报	1s	循环采集
13	PV102	加热炉烟气压力调节	AO	正输出					
14	FV104	加热炉燃料气流量调节	AO	正输出					
15	LV1011	1 号冷凝器液位 A 阀调节	AO	正输出					
16	LV1012	1 号冷凝器液位 B 阀调节	AO	正输出					
17	KI301	泵开关指示	DI				ON 报警	1s	循环采集

续表

序号	位号	描述	I/O	类型	量程	单位	报警要求	周期	采集类型
18	KI302	泵开关指示	DI				变化频率大于2s报警，延时3s	1s	循环采集
19	KI303	泵开关指示	DI					1s	循环采集
20	KI304	泵开关指示	DI					1s	循环采集
21	KI305	泵开关指示	DI					1s	循环采集
22	KI306	泵开关指示	DI					1s	循环采集
23	KO302	泵开关操作	DO					1s	循环采集
24	KO303	泵开关操作	DO					1s	循环采集
25	KO304	泵开关操作	DO					1s	循环采集
26	KO305	泵开关操作	DO					1s	循环采集
27	KO306	泵开关操作	DO					1s	循环采集
28	KO307	泵开关操作	DO					1s	循环采集

任务一　CS3000系统软硬件的认知

【任务描述】

认识CENTUM-CS3000系统相关软硬件，掌握包括现场控制站、工程师站、操作员站以及过程控制网络等的相关软硬件。

【知识链接】

1. 系统基本硬件

CS3000系统由FCS控制站（Dual Redundancy Field Control Station：双重冗余型现场控制站）和HIS操作站（Human Interface Station：人机界面操作站）两大部分组成，并利用V网将系统中的每个站连接在一起。如图2-1所示。

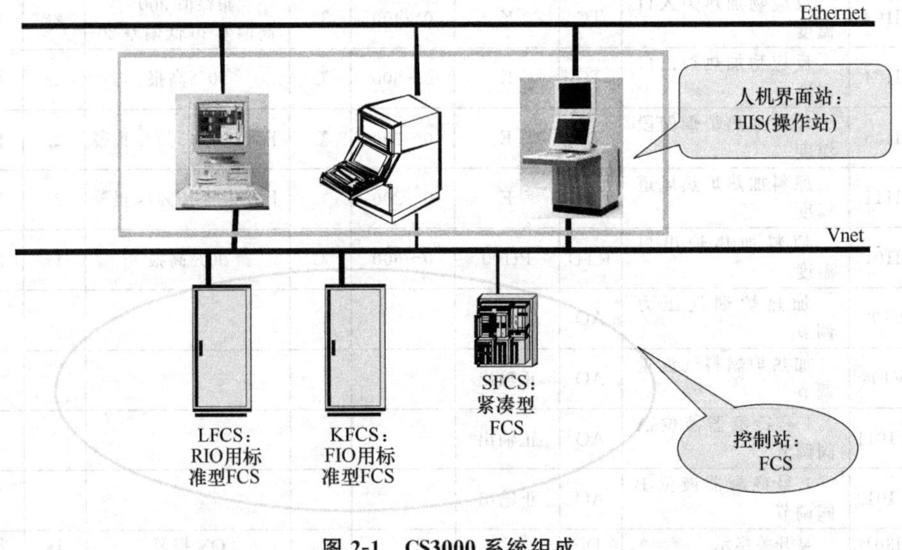

图2-1　CS3000系统组成

（1）控制站部件

现场控制站（FCS）负责装置的控制。根据使用的输入输出模块的不同，分为：FIO 用 FCS、RIO 用 FCS。

用于 FIO（Field Network I/O）的 FCS：采用现场网络 I/O 模块。

用于 RIO（Remote I/O）的 FCS：采用远程 I/O 模块，用于远程控制。

FCS 是由控制器单元（FCU）和 I/O 单元组成，如图 2-2 所示。

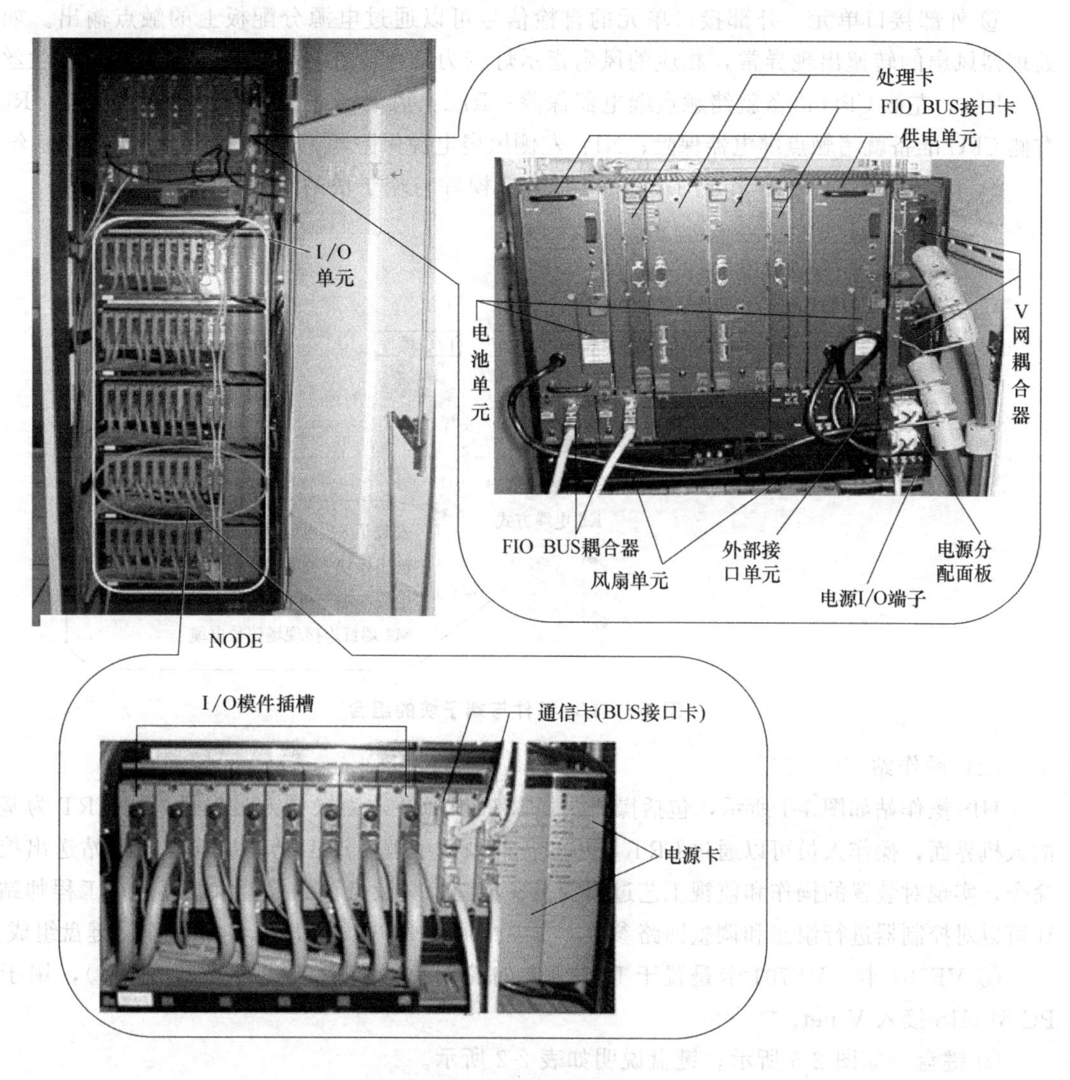

图 2-2　控制站示意图

1）FCU（控制器单元）

① CPU 卡件及供电卡　主要完成控制计算功能。在处理器卡件上包括一个 CPU 和电源的监视功能，如果出现任何异常情况，处理器卡件通过外部接口卡件向电源分配板的报警输入/输出端子输出一个触点进行报警。CPU 及其供电卡采用双冗余型配置，即 2 个 CPU，2 个电源卡互相备份。万一有一路出现故障，系统将自动无扰动地切换到备用 CPU 卡或备用电源上继续完成控制任务。

② 电池组　在断电情况下，电池组为 CPU 主存储器提供备用电源，通常可以维持 72h

数据不丢失，但电池的使用寿命取决于环境温度：平均环境温度<30℃，电池可用3年；平均环境温度<40℃，电池可用1.5年；平均环境温度<50℃，电池可用9个月。

③ 通信耦合器（或称连接器） 又称为V网耦合器，在FCS冗余型配置的双套V网耦合器位于V网通信总线与CPU卡件之间，具有信号隔离和电平转换功能。

④ FIO总线接口卡件 FIO总线接口卡件主要用于完成控制站与输入/输出卡件之间的通信。

⑤ FIO总线耦合器 对FIO总线上的信号进行调制和解调。

⑥ 外部接口单元 外部接口单元的自检信号可以通过电源分配板上的触点输出。如果处理器风扇的转速出现异常，相应的风扇指示灯变为红色。在该卡件上有5个电源保险丝。

RL1：左侧CPU准备就绪触点继电器保险；RL2：风扇转速控制信号继电器保险；RL3：右侧CPU准备就绪触点继电器保险；N1：左侧风扇电源保险丝；N2：右侧风扇电源保险丝。

2）I/O单元 I/O单元如图2-2所示，I/O模件与端子块的组合，如图2-3所示。

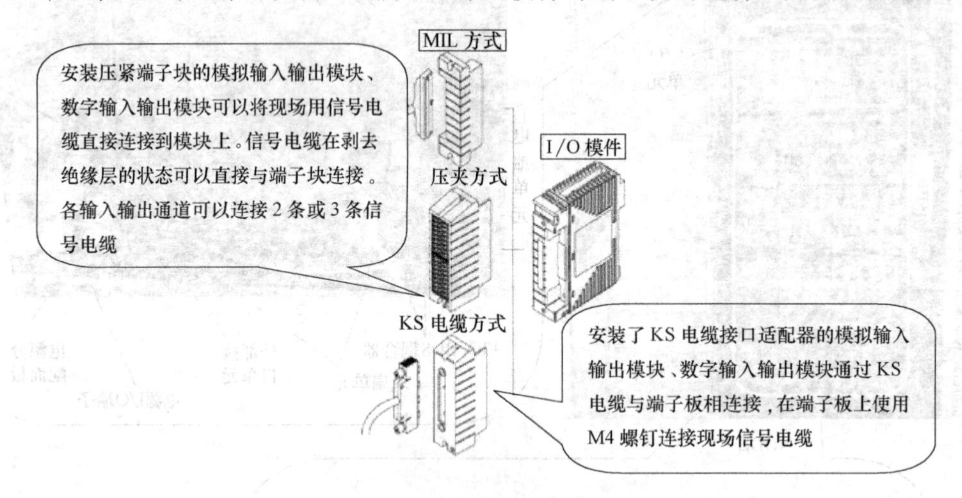

图2-3 I/O模件与端子块的组合

（2）操作站

HIS操作站如图1-1所示，包括操作员站及工程师站，为操作人员提供了以CRT为基础的人机界面，操作人员可以通过CRT显示的各种画面了解生产工况，并通过HIS站送出控制命令，实现对装置的操作和监视工艺过程变量、控制参数及必要的报警信息等。在工程师站上还可以对控制器进行组态和调整回路参数。主要由通用PC机、VF701卡、操作员键盘组成。

① VF701卡 VF701卡是置于PCI槽上的控制总线接口卡（如图2-4所示），用于将PC型HIS接入V net。

② 键盘 如图2-5所示。键盘说明如表2-2所示。

表2-2 键盘说明

功能键区	32个功能键，可方便地调出流程图、仪表面板等操作和监视窗口；执行系统功能键的功能；针对批量趋势数据的启/停
窗口调用按键区	调出所需的各种不同的窗口界面，进行操作和监视
数据输入区	对各种所需项目的数据进行输入，如SV值、MV值。直接输入工位号或其他窗口名称，可分别调出仪表面板和所需窗口界面
操作控制区	可进行手动、自动、串级切换，并对相应值进行更改
其他键	报警确认和消音；信息的确认和删除；光标的移动等
权限方式选择键	操作员钥匙：只能在ON和OFF位置之间切换 工程师钥匙(ENG)：可以切换到任何位置上

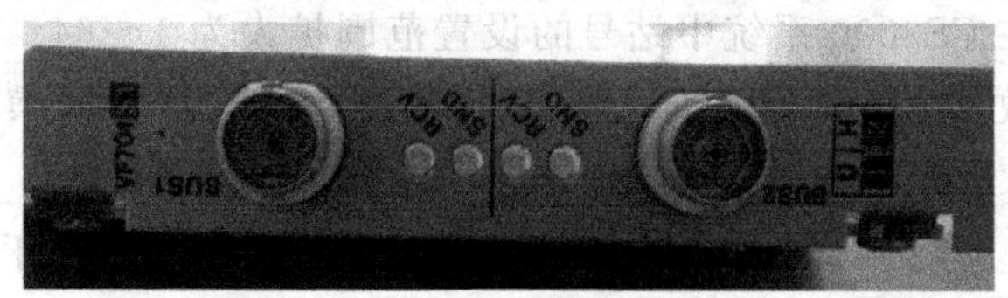

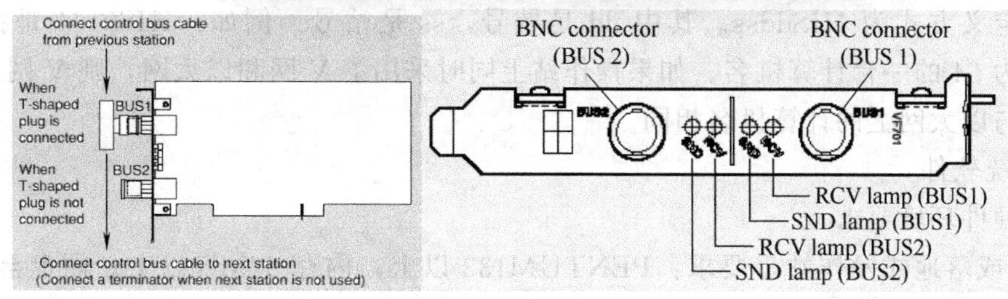

图 2-4　操作站网卡的结构示意图

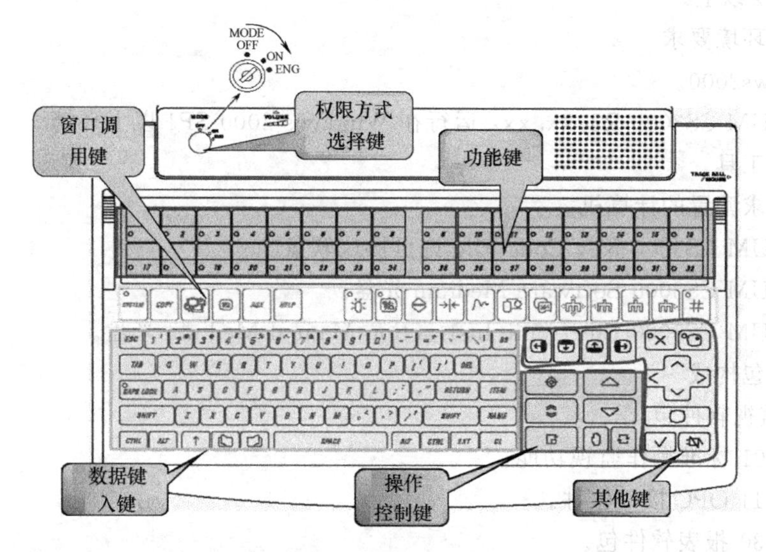

图 2-5　操作员键盘

（3）网络

CS-3000 控制系统由 E 网和 V 网构成整个系统网络，如图 2-1 所示。

E 网（Ethernet）：单网，连接操作站，完成操作站之间的数据交换。

通过双绞线网线和 HUB 构成。

网络地址：172，17，1，＊＊（站号）

V net 网：连接控制站与操作站，实现控制站与操作站之间的数据交换。

其冗余控制总线 BUS1、BUS2 均采用 10BASE-2 同轴电缆。

采用双重冗余配置，形成了两条总线 BUS1 和 BUS2 完成通信任务，当一条总线通信失败时，另一条总线将接管通信任务，网络中不用的端口需装 50Ω 终端电阻。

（4）相关概念

① 域号（Domain Number）　域就是由 1 条 V 网连接的站的集合。

域号用于识别 V 网上的站，域号的定义范围为 1～16，通常情况下，工程项目或装置内涉及的所有站应分配同一域号，默认值为 1。

② 站号（Station Number）　站号用于识别构成系统的每个主要硬件设备，如一个控制

站或一个操作站。在 CS3000 系统中站号的设置范围扩大为 1～64。对于控制站部分，站号是依据控制站的个数，从 1 开始；对于 HIS 操作站，站号是依据操作站的个数，从最大值 64 开始。

③ 计算机名　又称为 HIS 操作站站名，是 V 网或以太网上用于识别每台计算机的唯一名字。其定义方式为 HISddss。其中 dd 是域号，ss 是站号。例如：HIS0164 是指域号为 01，站号为 64 的一台计算机名。如果操作站上同时采用了 V 网和以太网，则 V 网上的计算机名必须与以太网上的计算机名相同。

2. 系统软件

(1) 硬件环境要求

PC 机或落地式操作站，要求：PENTUM133 以上；内存 32MB 以上；硬盘至少 2GB；显示器分辨率为 800×600 以上，最好为 1024×768 或 1280×1024 以上；刷新频率要足够快，最少 60Hz 以上。

(2) 软件环境要求

- Windows2000。
- CENTUM CS3000 R3. xx. xx：运行在 Windows 2000 SP1 以上环境。

(3) 必备工具

- 符合要求配置的计算机。
- CENTUM CS3000 Key Code File 许可协议软盘。
- CENTUM CS3000 Software Medium 光盘。
- CENTUM CS3000 Electronic Instruction Manual Medium 光盘。

(4) 软件包构成

① 操作监视软件包

- LH51101 标准操作监视功能。
- LHS2411 OPC 接口软件。
- LHS6530 报表软件包。

②工程组态软件包

- LHS5100 标准组态功能。
- LHS5151 流程图组态。
- LHS5150 测试功能。

【任务实施与考核】

任务实施与考核流程：

1. 制作 PPT

每 5～6 人进行随机组合，通过因特网或图书资料等方式，收集整理 CS3000 集散控制系统生产商、产品及应用方面的相关信息，然后进行学习评价，并依据评价标准给出成绩。

收集信息包括：

① 掌握 CS3000 DCS 系统硬件由几部分组成；

② 掌握 CS3000 DCS 系统现场控制站的构成；
③ 认识 CS3000 DCS 系统常见的几种卡件；
④ 认识 CS3000 DCS 过程控制网络相关硬件；
⑤ 掌握 CS3000 DCS 系统软件的组成。

2. 考核验收

根据每名学生上交 PPT 和任务完成过程中的表现情况，进行学习评价，并依据评价标准给出成绩。

任务二　CS3000 DCS 系统硬件选型及安装

【任务描述】

要求根据表 2-1 正确统计出日本横河 CS3000 的测点清单，选择合适的卡件，进行相关的统计（适当留有余量），从而确定控制站及操作站的规模并进行硬件的安装。

【知识链接】

1. 系统总体规模

最小系统：1 个 HIS 和 1 个 FCS。

最大系统：64 站/域，其中 HIS 最多 16 个（超过 8 个要加服务器）。

2. 控制站规模

CS3000 的控制站类型分为 12 种，根据不同的设计系统来选用。本书中选用 FFCS-L 型控制站，型号包括 AFV10S（现场控制单元）和 AFV10D（双重化现场控制单元）。

1 个 FCS 最多带 10 个 NODE（节点），其中远程 NODE 最多 9 个，此处的节点可理解为 I/O 模件的底板。

3. I/O 单元规模

每个节点上可插入 8 个输入/输出模件（以下简称为 IOM，即 Input/Output Module），每个节点上配置了冗余的电源卡和通信卡。节点分为本地节点（EB401）和远程节点（EB501）。

4. 模件类型

FIO 型的所有模拟量卡件均可实现双重化，数字量卡件也可实现双重化。

表 2-3 所示为总线接口模块。

表 2-3　总线接口模块

模件名称		模件性能	I/O点数	信号连接方式		
				压接端子	KS电缆	MIL电缆
模拟 I/O 信号						
电流	AAI141	4～20mA 电流输入，非隔离	16	√	√	√
	AAI143	4～20mA 电流输入，隔离（系统和现场）	16	√	√	√
	AAI543	4～20mA 电流输出，隔离（系统和现场）	16	√	√	√
	AAI135	4～20mA 电流输入，通道隔离	8	√	√	√

续表

模件名称		模 件 性 能	I/O点数	信号连接方式		
				压接端子	KS电缆	MIL电缆
模拟I/O信号						
电流	AAI841	4～20mA电流输入/4～20mA电流输出，非隔离	8/8	√	√	√
	AAI835	4～20mA电流输入/4～20mA电流输出，通道隔离	4/4	√	√	√
电压	AAV141	1～5V电压输入，非隔离	16	√	√	√
	AAV142	－10～10V电压输入，非隔离	16	√	√	√
	AAV144	－10～10V电压输入，隔离(系统和现场)	16	√	√	√
	AAV544	－10～10V电压输出，隔离(系统和现场)	16	√	√	√
	AAV542	－10～10V电压输出，非隔离	16	√	√	√
	AAB841	1～5V电压输入/4～20mA电流输出，非隔离	8/8	√	√	√
脉冲	AAP135	0～10kHz脉冲输入，通道隔离	8	√	√	√
	AAP149	0～6kHz脉冲输入，非隔离	16	—	√	—
小电信号	AAT141	TC/mV输入(TC：JIS R，J，K，E，T，B，S；N/mV：－100～150mV)，隔离(系统和现场)	16	√	—	√
	AAR181	RTD输入(RTD：JIS Pt100Ω)，隔离(系统和现场)	12	√	—	√
	AAT145	TC/mV输入(TC：JIS R，J，K，E，T，B，S；N/mV：－100～150mV)，通道隔离	16	—	√	—
	AAR145	RTD/POT输入(RTD：Pt100Ω；POT：0～10kΩ)，通道隔离	16	—	√	—
数字I/O信号						
通用	ADV151	接点输入，24V DC，可双重化	32	√	√	√
	ADV161	接点输入，24V DC，可双重化	64	—	√	√
	ADV551	接点输出，24V DC，可双重化	32	√	√	√
	ADV561	接点输出，24V DC，可双重化	64	—	√	√
	ADV157	接点输入，24V DC	32	√	—	—
	ADV557	接点输出，24V DC	32	√	—	—
AC输入	ADV141	AC输入，100～120V，可双重化	16	√	√	—
	ADV142	AC输入，220～240V，可双重化	16	√	√	—
继电器输出	ADR541	继电器输出，(24～100V DC，100～200V AC)，可双重化	16	√	√	—
CENTUMST兼容型	ADV859	输入/输出，各点隔离(ST2)	16/16	—	√	—
	ADV159	输入，各点绝缘(ST3)	32	—	√	—
	ADV559	输出，各点隔离(ST4)	32	—	√	—
	AVD869	输入/输出，16点公用隔离(ST5)	32/32	—	√	—
	ADV169	输入，16点公用隔离(ST6)	64	—	√	—
	ADV569	输出，16点公用隔离(ST7)	64	—	√	—

5. 操作站

HIS 命名规则为：HIS 域号 站号。其中域号设置与 FCS 相同，站号为 01～64 间的数字。一般操作站从 64 号开始递减设置。如 HIS0164 表示 01 域的 64 号操作站。域号和站号一经设置就不能改变。压缩 CS3000 系统共配置了 5 台操作站 HIS0160～HIS0164。其中 HIS0160～HIS0163 为操作员站，HIS0164 为工程师站。

地址设置：HIS 在接入 Vnet 网前必须事先正确地设置好地址。其硬件地址是用 VF701 卡上的 DIP 开关来设定的。

【任务实施与考核】

任务实施与考核流程：

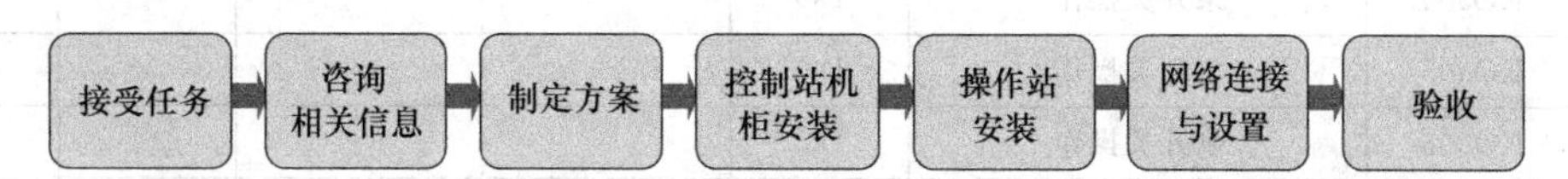

1. 根据测点选择合适的 I/O 卡件，对于重要的信号点要考虑是否进行冗余配置，填写表 2-4

表 2-4　根据测点选择合适的 I/O 卡件

序号	位号	描　述	I/O	类型	备注	选择卡件	通道号
1	PI102	原料加热炉烟气压力	AI	4～20mA	双重化		
2	LI101	原料油储罐液位	AI	4～20mA	双重化		
3	FI001	加热炉原料油流量	AI	4～20mA	双重化		
4	FI104	加热炉燃料气流量	AI	4～20mA	双重化		
5	TI106	原料加热炉炉膛温度	TC	K			
6	TI107	原料加热炉辐射段温度	TC	K			
7	TI102	反应物加热炉炉膛温度	TC	K			
8	TI103	反应物加热炉入口温度	TC	K			
9	TI104	反应物加热炉出口温度	TC	K			
10	TI108	原料加热炉烟囱段温度	TC	E			
11	TI111	原料加热炉热风道温度	TC	E			
12	TI101	原料加热炉出口温度	RTD	Pt100			
13	PV102	加热炉烟气压力调节	AO		双重化		
14	FV104	加热炉燃料气流量调节	AO		双重化		
15	LV1011	1 号冷凝器液位 A 阀调节	AO		双重化		
16	LV1012	1 号冷凝器液位 B 阀调节	AO		双重化		

续表

序号	位号	描　述	I/O	类型	备注	选择卡件	通道号
17	KI301	泵开关指示	DI				
18	KI302	泵开关指示	DI				
19	KI303	泵开关指示	DI				
20	KI304	泵开关指示	DI				
21	KI305	泵开关指示	DI				
22	KI306	泵开关指示	DI				
23	KO302	泵开关操作	DO				
24	KO303	泵开关操作	DO				
25	KO304	泵开关操作	DO				
26	KO305	泵开关操作	DO				
27	KO306	泵开关操作	DO				
28	KO307	泵开关操作	DO				

2. 根据测点清单来统计卡件数量（适当留有余量），填写表 2-5

表 2-5　测点统计

信号类型		点数	卡件型号	卡件数目
模拟量信号	电流信号			
	热电偶信号			
	热电阻信号			
	模拟量输出信号			
开关量信号	开关量输入信号			
	开关量输出信号			
总计				

3. 控制站机柜安装，填写表 2-6

表 2-6　卡件分配表

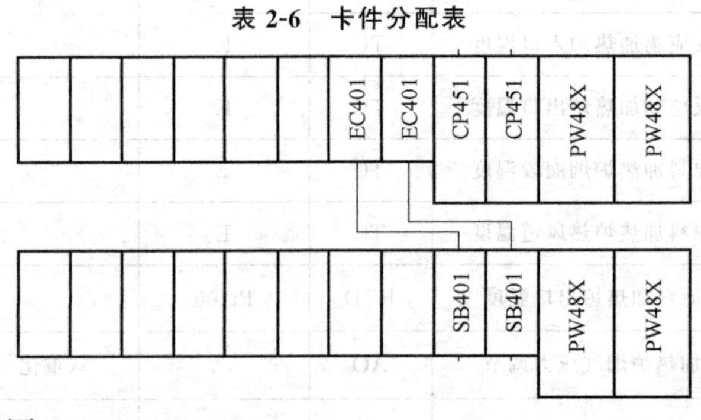

4. 操作站安装如同 JX-300XP DCS

5. 考核验收

根据每名学生上交表 2-4～表 2-6 填写情况和任务完成过程中的表现情况，进行学习评价，并依据评价标准给出成绩。

任务三　CS3000 DCS 组态软件安装、创建项目

【任务描述】

安装日本横河 CS3000 组态软件，创建一个加热炉项目。

【知识链接】

1. 系统软件安装与删除

（1）系统软件安装

1）Windows 相关设定项　以管理员身份对以下内容进行必要设置。

① 计算机名（站名）　计算机名是 Windows 网络用于识别每一台计算机的标志，计算机名和站名是一致的。

HIS dd ss：“dd”为域号；“ss”为站号。

② IP 地址　IP 地址是 Control Bus 或 Ethernet 用于识别每台 PC 的确定地址。在各网络中每台 PC 的地址是唯一的。

Control Bus（V net）地址：172. 16. dd. ss。

Ethernet 地址：172. 17. dd. ss。“dd”域号：01～16；“ss”站号：01～64。

③ 子网掩码　255. 255. 0. 0。

④ 设置 Administrator 密码　为 PC 机管理者设定密码。

⑤ CS3000 账户和密码

• 操作监视功能账户：CENTUM（系统固定）。

该账户是在系统安装时自动生成的，账户名不能更改。

• 账户密码：系统安装完初设为“CENTUM”可以更改，但更改时要保证所有 HIS 的密码相同，否则 HIS 间无法完成数据库的等值化操作。

2）虚拟内存指定　Windows 2000/XP 安装完毕，以计算机管理员身份（administrator）登录，指定虚拟内存大小，一般操作监视指定 300MB，工程组态指定 400MB，步骤如下。

进入＜控制面板＞，双击＜系统＞→进入＜系统特性＞，选＜高级＞→点击＜性能选项(P)＞→点击＜更改＞，将初始大小和最大值均改为 300M 或 400M，点击设置、确认。虚拟内存设置结束。

3）网络设置

① 网络驱动程序安装

• Ethernet 驱动程序：一般而言 Windows 2000 和 Windows XP 会自动安装完成。

• Control Bus 驱动程序：将 CS3000 系统光盘放入 CD-ROM 驱动器，点击路径 CD-ROM：\ CENTUM \ COMDRV 下 Setup. exe。即可安装。

② 更改本地连接名　右键点击＜网上邻居＞，选＜属性＞，分别将＜本地连接＞、＜本地连接 2＞改为＜Ethernet＞、＜Vnet＞即可。

4）系统软件安装

① 媒体准备　CS3000 系统光盘 1 张；CS3000 电子资料光盘 1 张；keycode 软盘。

② 软件安装　分别将 key code 盘插入软驱，CS3000 系统盘插入光驱。

点击路径 CD-ROM：\ CENTUM 下 “SETUP”，出现 “欢迎” 对话框。软件安装步骤如图 2-6 所示。

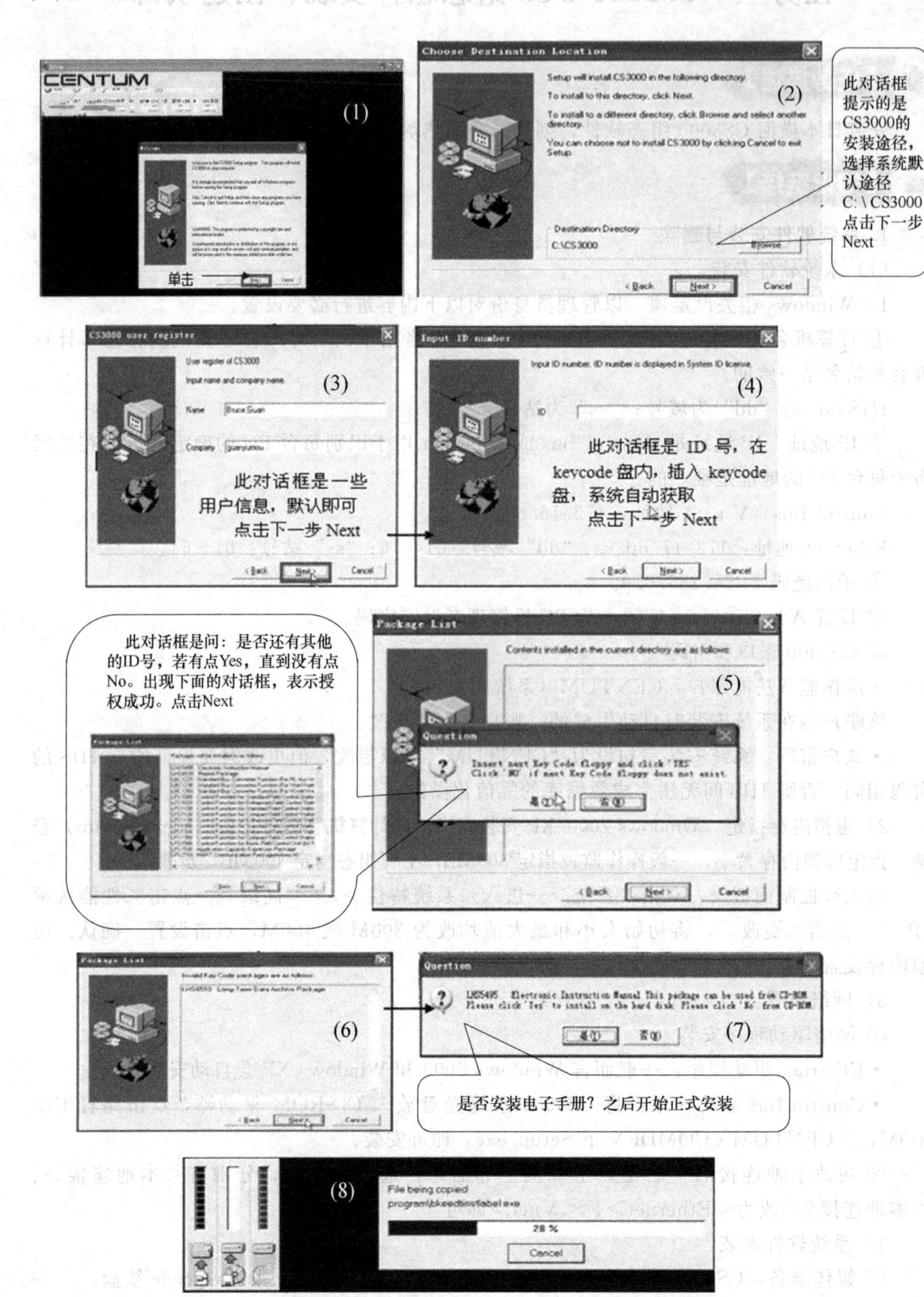

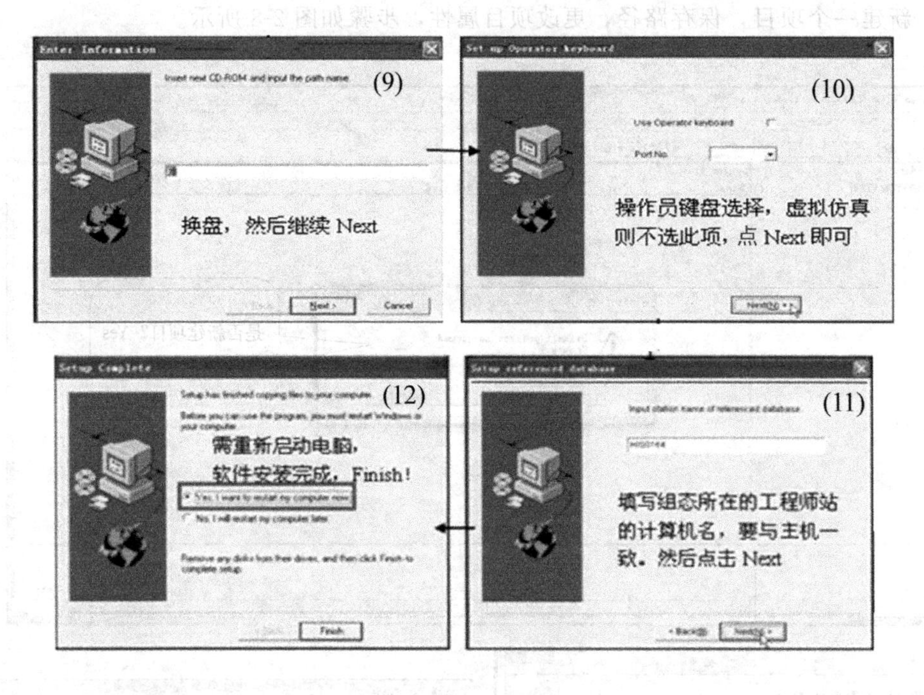

图 2-6　系统安装步骤

(2) 系统软件删除

① 右键单击<我的电脑>→选<管理>→<共享>→删除<CS3000>、<centumvp>；

② 在 C 盘目录下，分别打开<CS3000>和<centumvp>文件夹，双击<UNINST>即可卸载；

③ 重新启动电脑，打开 C 盘，删除<CS3000>、<centumvp>文件夹。

2. 启动组态文件，新建一个项目，保存路径，更改项目属性

① 进入组态窗口，如图 2-7 所示。

途径：[开始]→[程序]→[YOKOGAWA CENTUM]→[System View]

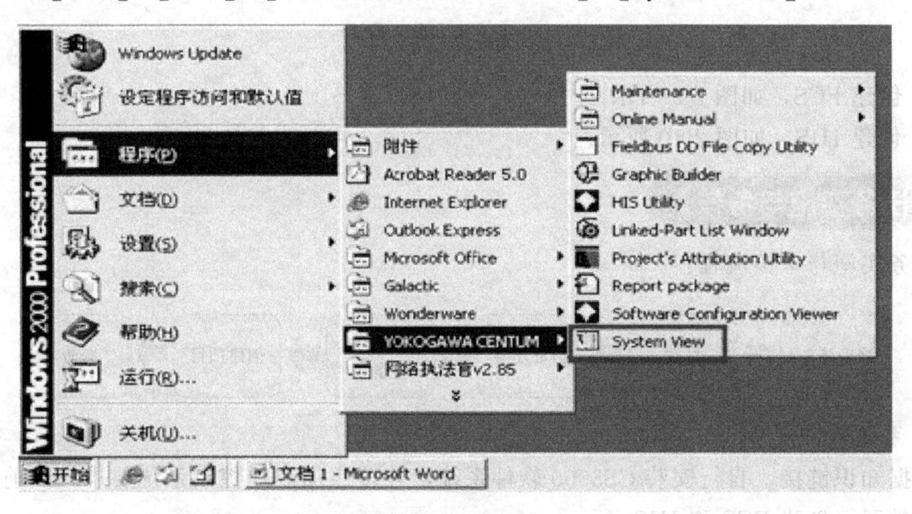

图 2-7　组态窗口

② 新建一个项目，保存路径，更改项目属性，步骤如图 2-8 所示。

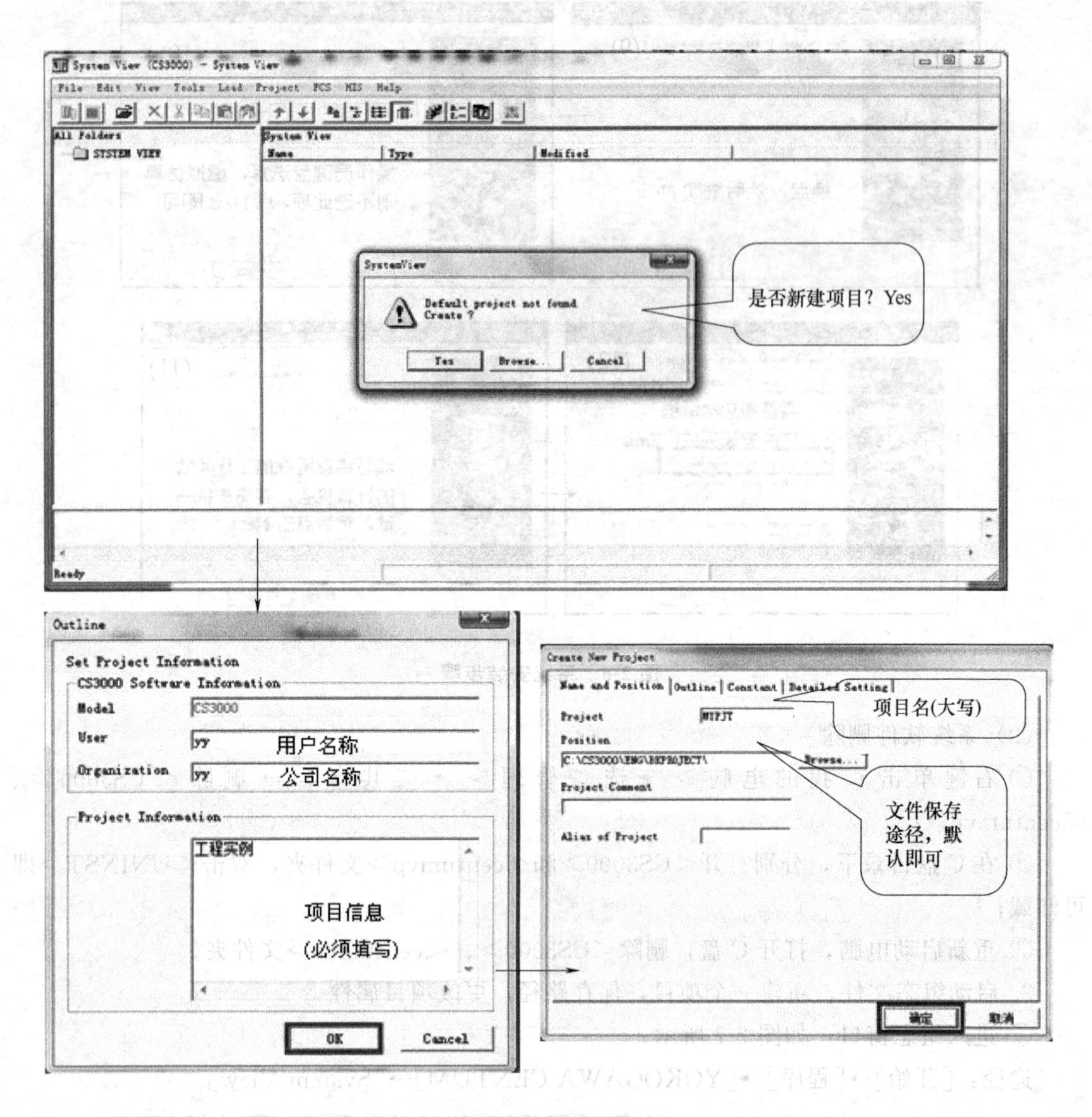

图 2-8 新建项目

③ 创建 FCS，如图 2-9 所示。

④ 创建 HIS，如图 2-10 所示。

【任务实施与考核】

任务实施与考核流程：

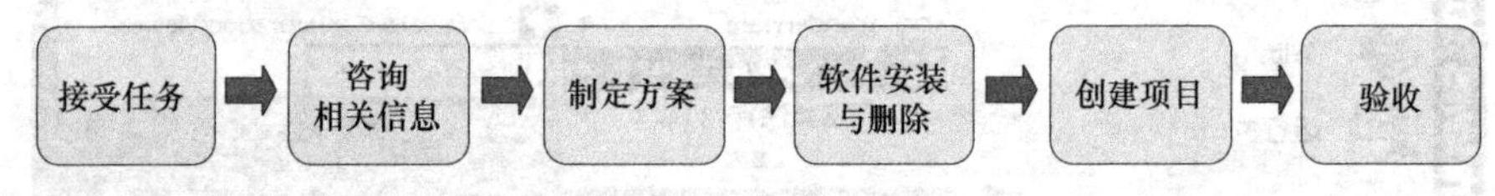

1. 系统软件安装

根据知识链接，自行安装 CS3000 软件系统，并按照加热炉控制系统要求，及前面两个任务的学习，创建 FCS 和 HIS。

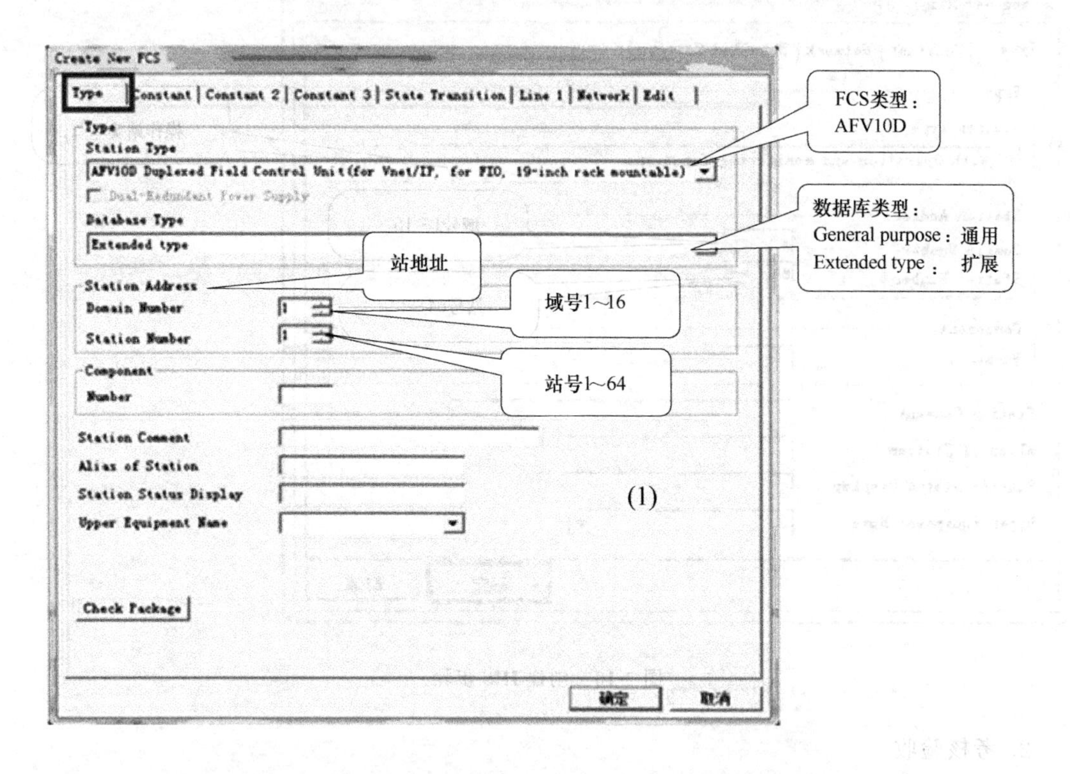
Create New FCS
Type
Constant
Constant 2
Constant 3
State Transition
Line 1
Network
Edit
Station Type
AFV10D Duplexed Field Control Unit(for Vnet/IP, for FIO, 19-inch rack mountable)
Dual-Redundant Power Supply
Database Type
Extended type
Station Address
Domain Number
Station Number
Component
Number
Station Comment
Alias of Station
Station Status Display
Upper Equipment Name
Check Package
确定
取消
FCS类型：
AFV10D
数据库类型：
General purpose：通用
Extended type：扩展
站地址
域号1～16
站号1～64
(1)

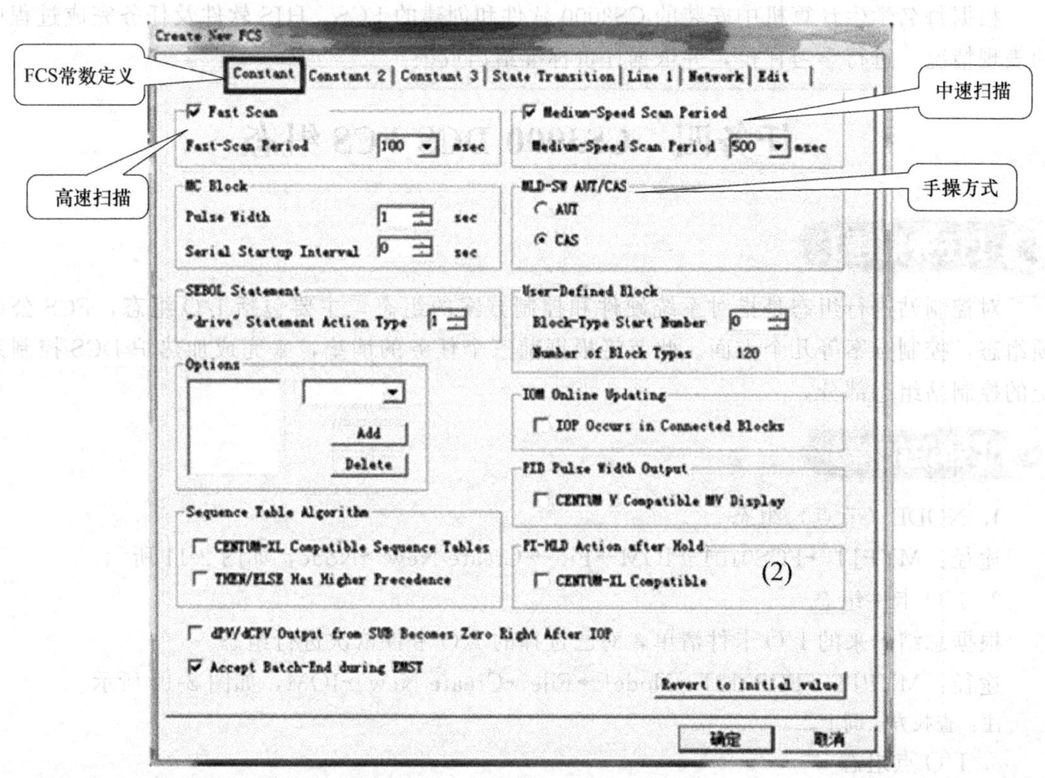
Create New FCS
Constant
Constant 2
Constant 3
State Transition
Line 1
Network
Edit
FCS常数定义
中速扫描
高速扫描
手操方式
Fast Scan
Fast-Scan Period
100
msec
Medium-Speed Scan Period
500
msec
MC Block
Pulse Width
sec
Serial Startup Interval
MLD-SW AUT/CAS
AUT
CAS
SEBOL Statement
"drive" Statement Action Type
User-Defined Block
Block-Type Start Number
Number of Block Types
120
Options
Add
Delete
IOM Online Updating
IOP Occurs in Connected Blocks
PID Pulse Width Output
CENTUM V Compatible MV Display
Sequence Table Algorithm
CENTUM-XL Compatible Sequence Tables
THEN/ELSE Has Higher Precedence
PI-MLD Action after Hold
CENTUM-XL Compatible
dPV/dCPV Output from SUB Becomes Zero Right After IOP
Accept Batch-End during EMST
Revert to initial value
确定
取消
(2)

图 2-9　创建 FCS 步骤

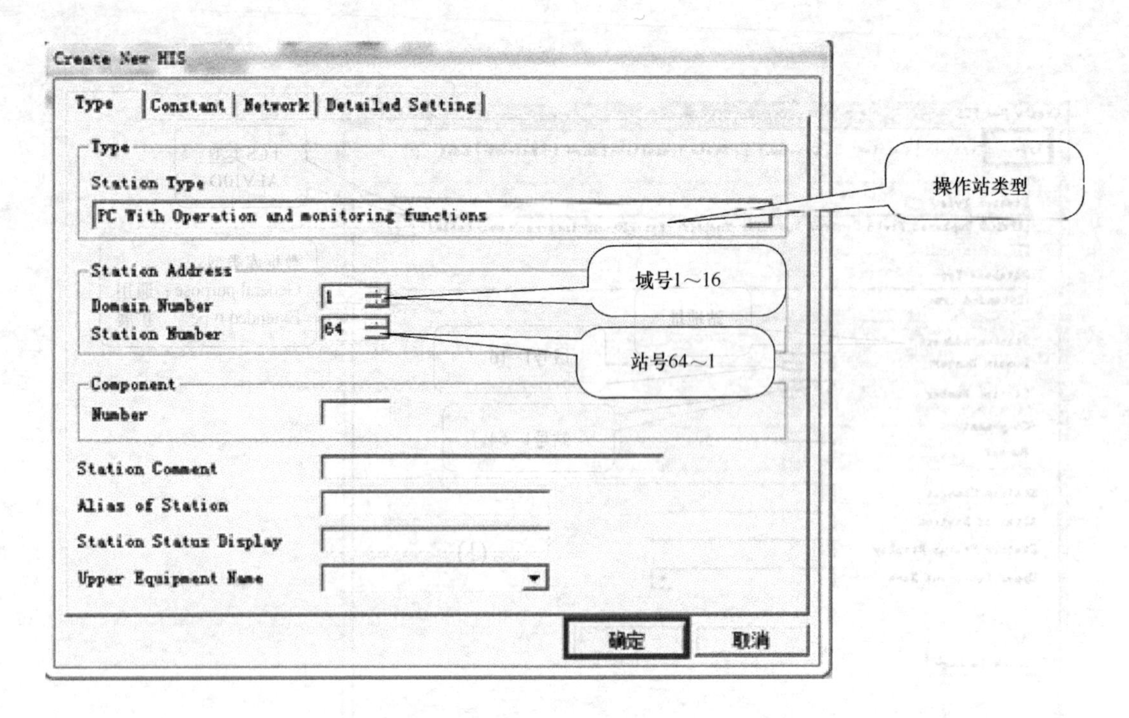

图 2-10 创建 HIS 步骤

2. 考核验收

根据每名学生计算机中安装的 CS3000 软件和创建的 FCS、HIS 软件及任务完成过程中的表现情况，进行学习评价，并依据评价标准给出成绩。

任务四 CS3000 DCS FCS 组态

【任务描述】

对控制站进行组态是指对系统硬件和控制方案的组态，主要包括 I/O 组态，FCS 公共项组态，控制方案等几个方面。此节将根据前三个任务的铺垫，来完成加热炉 DCS 控制系统的控制站组态部分。

【知识链接】

1. NODE（节点）组态

途径：MYPJT→FCS0101→IOM→File→Create New→Node，如图 2-11 所示。

2. I/O 卡件组态

根据总结出来的 I/O 卡件清单，对已选择的 I/O 卡件依次进行组态。

途径：MYPJT→FCS0101→Node1→File→Create New→IOM，如图 2-12 所示。

注：查找方法同上。

3. I/O 点组态

对选择的每个 I/O 卡件内的 I/O 点分别进行组态。

方法：FCS0101→Node1→双击要组态的卡件（如：双击 1AAI143-S），如图 2-13 所示。

System View (CS3000) - IOM
File Edit View Tools Load Project
All Folders
SYSTEM VIEW
MYPJT
COMMON
FCS0101
CONFIGURATION
SEQ_LIBRARY
IOM
SWITCH
MESSAGE
FUNCTION_BLOCK
DISPLAY
HIS0164
Create New
Open
External File
Delete
Properties...
Domain Properties...
Print Preview
Print
Exit System View
Project...
FCS...
HIS...
BCV...
CGW...
SCS(K)...
State Transition Matrix...
SEBOL User Function...
SFC Sequence...
Unit Procedure...
FCS-C Task...
User Custom Algorithm...
Node...
Nest...
IOM...
Trend acquisition pen assignment...
Window...
Common Block...
Recipe group...
Station...
Ready
1 2 3 4 5 6

New FIO Node
Type
Local
Remote
Node 1
Remote Node
Master
Address of Left-Hand Side ER501
Address of Right-Hand Side ER501
Power Supply Unit
Dual-Redundant Power Supply
Component Number
Node Comment
确定 取消

NODE类型定义：
Type: Local(本地节点)
Remote(远程节点)
Node：节点号
系统的第一个节点一定是本地节点
定义完成，确定

图 2-11 NODE（节点）组态

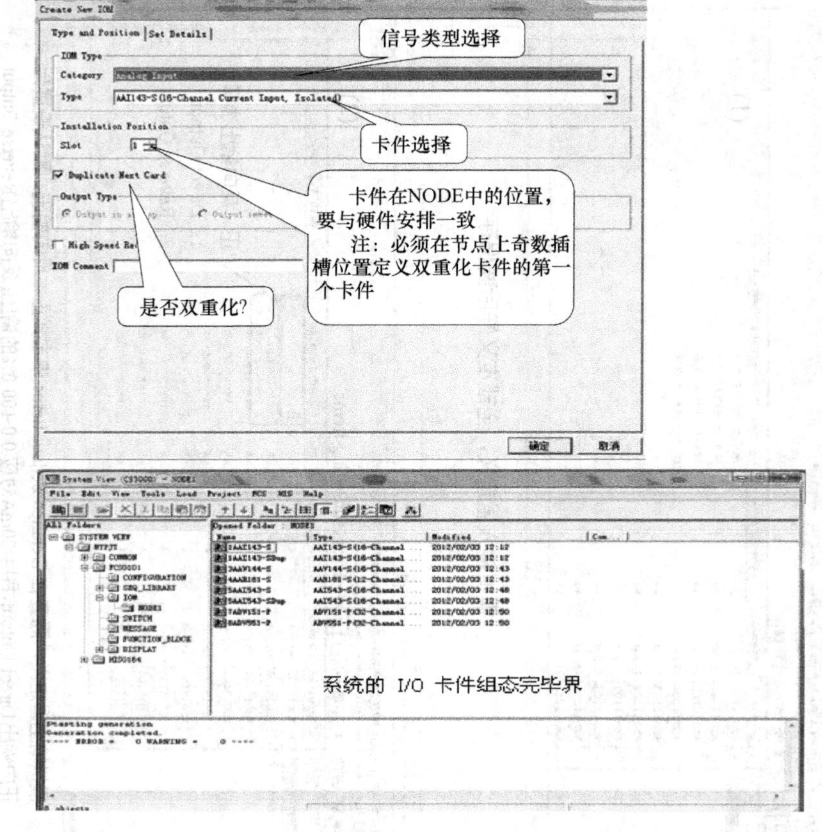

图 2-12 I/O 卡件组态

图 2-13 I/O点组态

通道地址含义：

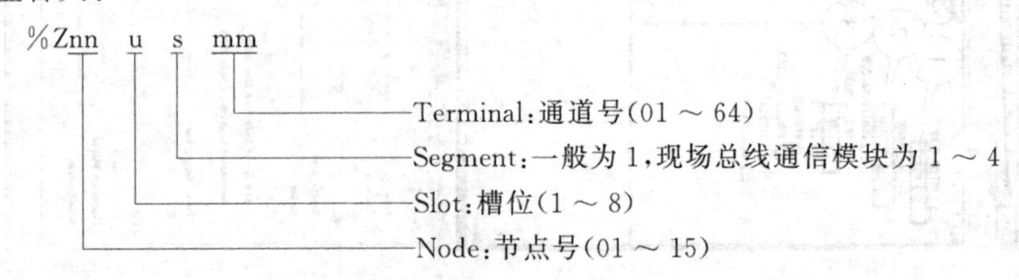

例：输入信号来自 NODE01→第一个卡件→第三通道，则地址为：%Z011103。

4. FCS 公共项组态

（1）用户安全级别的定义（见图 2-14）

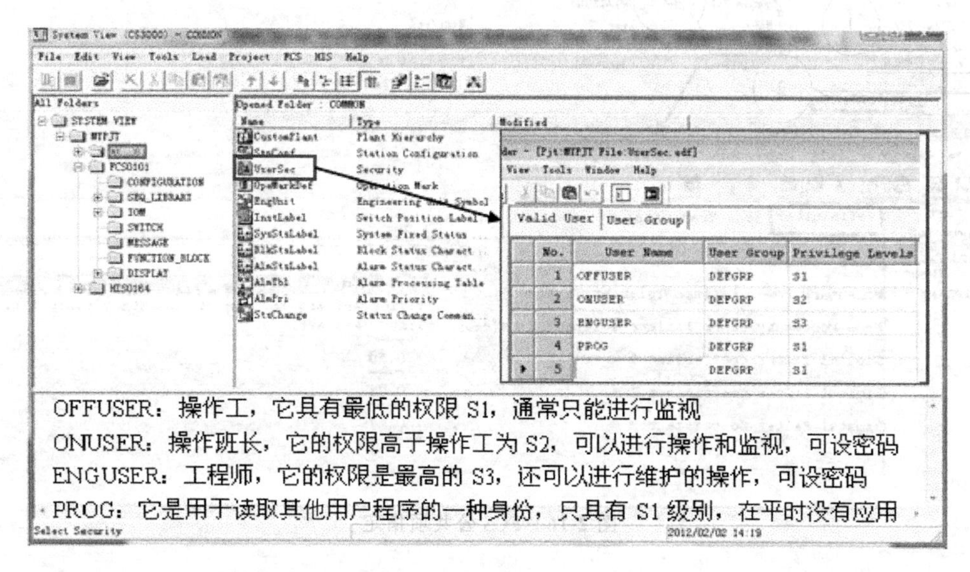

OFFUSER：操作工，它具有最低的权限 S1，通常只能进行监视
ONUSER：操作班长，它的权限高于操作工为 S2，可以进行操作和监视，可设密码
ENGUSER：工程师，它的权限是最高的 S3，还可以进行维护的操作，可设密码
PROG：它是用于读取其他用户程序的一种身份，只具有 S1 级别，在平时没有应用

图 2-14　用户安全级别定义

主要是定义用户的安全级别，以及不同的群具备的操作监视功能和不同安全级别在操作监视中的区别。

途径：MYPJT→COMMON→UserSec

（2）操作标记定义（见图 2-15）

操作标记的名称和颜色安全级别等定义，以便于在操作仪表面板上选择操作标记。

途径：MYPJT→COMMON→OpeMarkDef

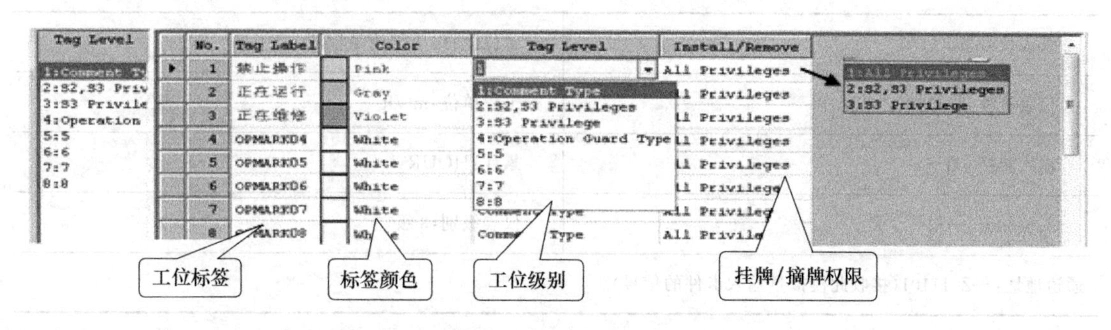

图 2-15　操作标记定义

（3）FCS 公共项指定（见图 2-16）

途径：MYPJT→FCS0101→CONFIGURATION→StnDef

Definitions：定义内容。

Start condition：启动方式。

0：手动，瞬间停电复位后，FCS 本身的处理程序重新开始，所有仪表和调节状态变为手动。

1：时间，停电时间小于设置时间，以自动方式启动，反之，手动启动。

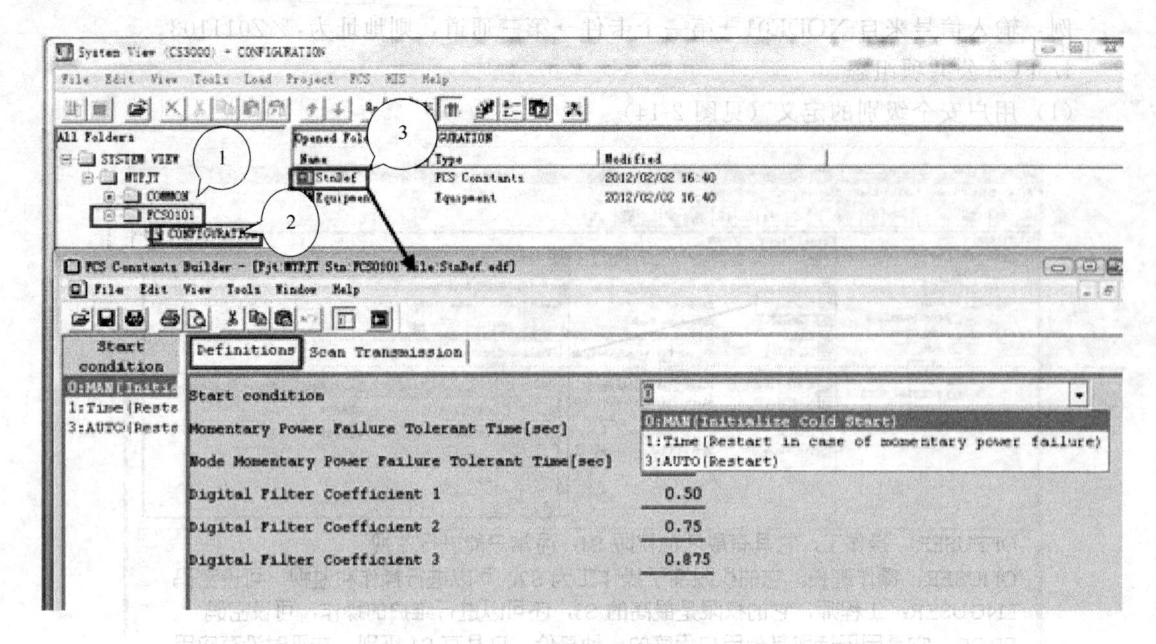

图 2-16 FCS 公共项指定

3：自动，继续停电前的状态运行。

5. 功能块组态

① 输入指示仪表（PVI） 用于接收来自 I/O 卡件或者其他仪表的信号，作为过程值（PV）进行显示。

仪表的建立（一个检测回路）如下。

要创建仪表的基本信息，如表 2-7 所示。

表 2-7 基本信息

仪表位号：FI-1100	工位注释：蒸汽流量检测
仪表量程：0～5000	工程单位：m^3/h
输入转换：无	累计：HOUR
工位标记：一般	仪表级别：3 级
通道地址：%Z011101（接收此模拟量输入卡件的信号）	

途径：MYPJT→FCS0101→FOUNTION _ BLOCK→DR0001 双击进入组态画面，如图 2-17 所示。

② 常规调节仪表（PID） PID 调节仪表是最常应用的一种控制功能块，它依据现场过程值（PV）和设定值（SV）之间的偏差，进行比例-积分-微分的调节，来满足控制需求。

仪表的建立（单回路控制）如下。

• 单回路创建

创建单回路的基本信息如表 2-8 所示。

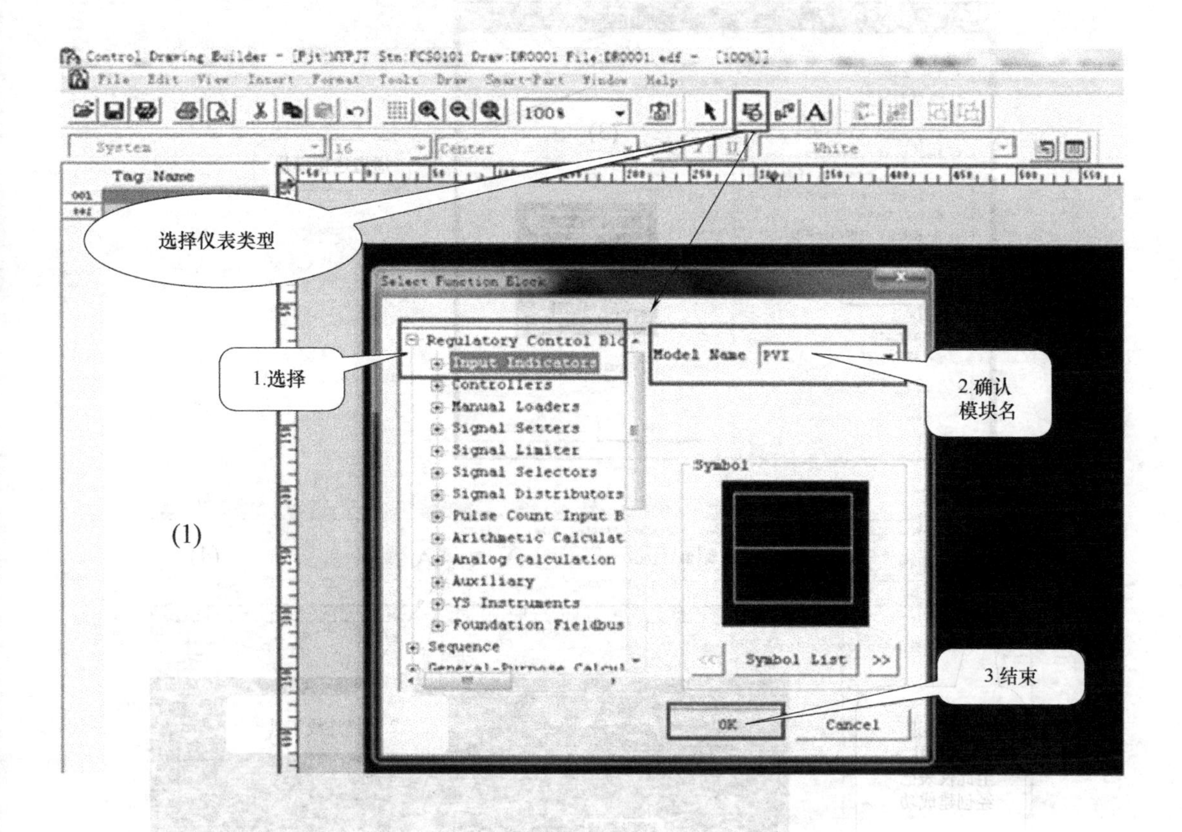
选择仪表类型
1.选择
2.确认
模块名
3.结束
(1)
Select Function Block
Regulatory Control Blo
Input Indicators
Controllers
Manual Loaders
Signal Setters
Signal Limiter
Signal Selectors
Signal Distributors
Arithmetic Calculat
Analog Calculation
Auxiliary
YS Instruments
Foundation Fieldbus
Sequence
Model Name
PVI
Symbol
Symbol List
OK
Cancel

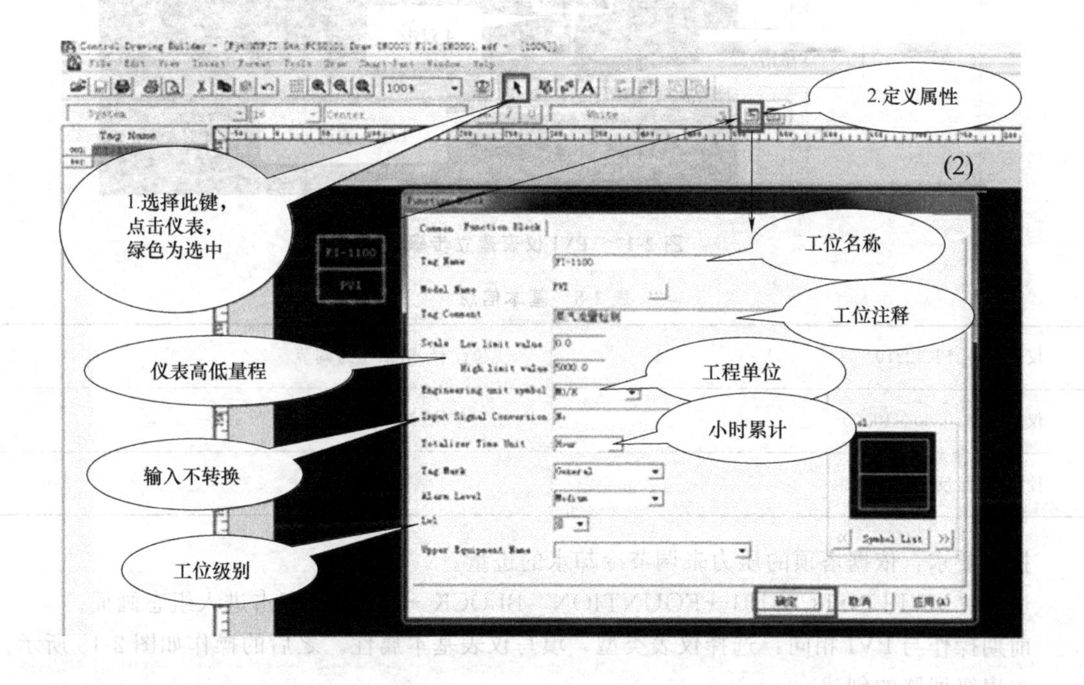
2.定义属性
(2)
1.选择此键，
点击仪表，
绿色为选中
工位名称
工位注释
仪表高低量程
工程单位
小时累计
输入不转换
工位级别

图 2-17

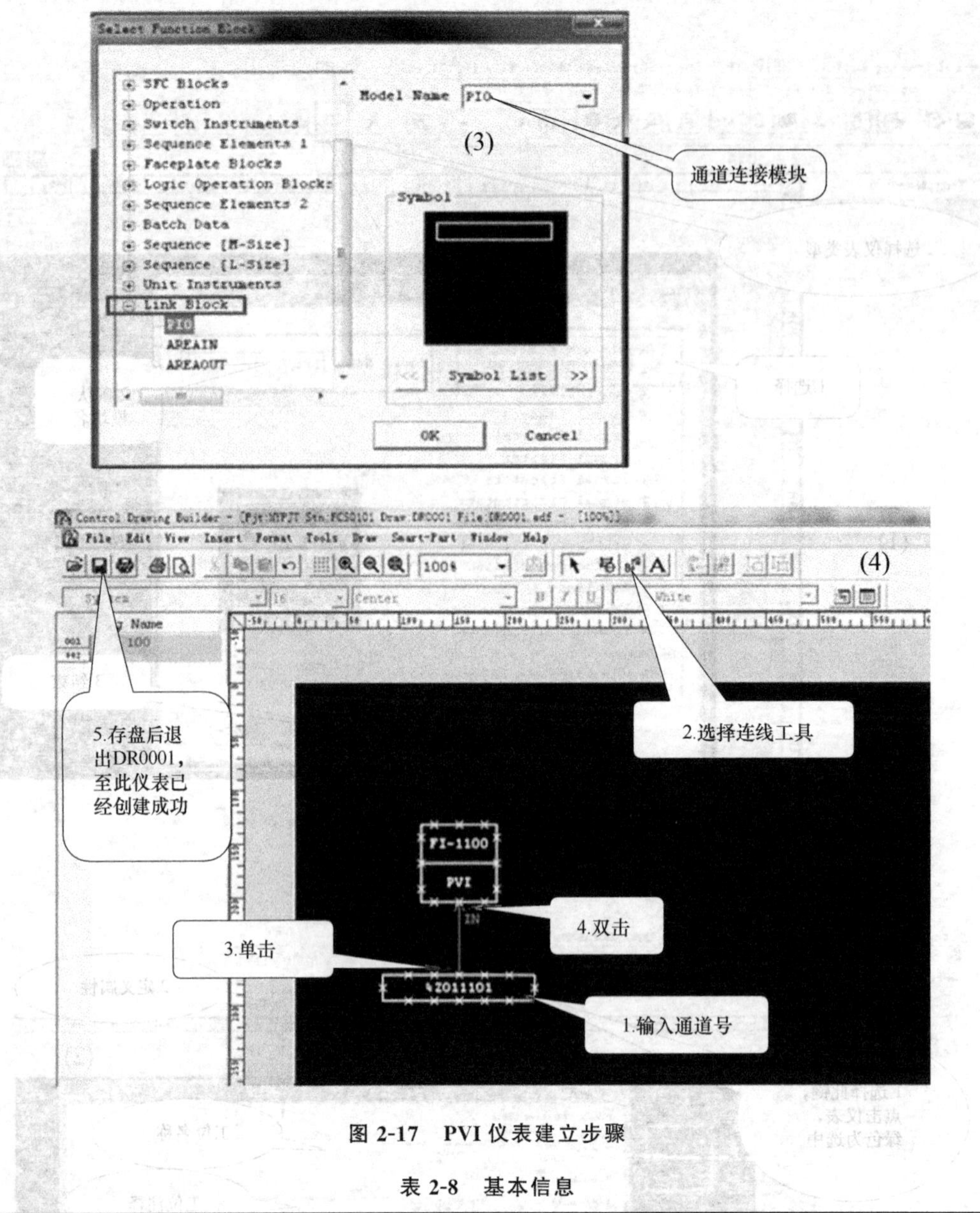

图 2-17　PVI 仪表建立步骤

表 2-8　基本信息

仪表位号：PIC-2210	工位注释：塔顶压力调节
仪表量程：0.00～10.00	工程单位：MPa
控制作用：反作用	

控制要求：依据塔顶的压力来调节冷却水的进量。

途径：MYPJT→FCS0101→FOUNTION _ BLOCK→DR0002 双击进入组态画面。

前期操作与 PVI 相同：选择仪表类型，填写仪表基本属性。之后的操作如图 2-18 所示。

• 串级回路的创建

创建串级回路的基本信息如表 2-9 所示。

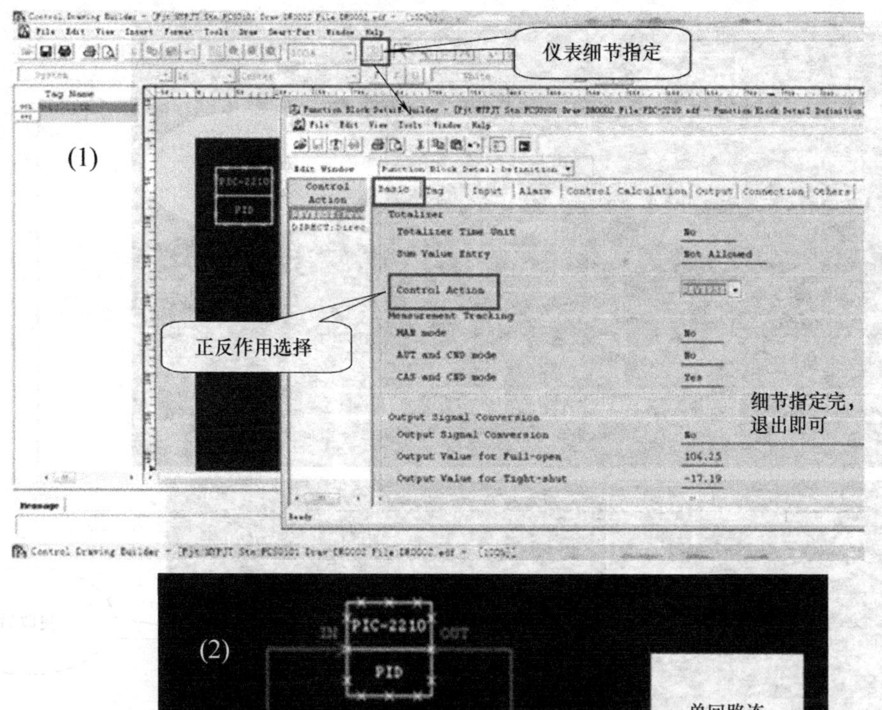

图 2-18　常规调节仪表（PID）单回路创建过程

表 2-9　基本信息

仪表位号： TIC-2000(主回路)	工位注释： 燃料炉出口温度	仪表位号： TIC-2001(副回路)	工位注释： 燃料炉炉膛温度
仪表量程：0.0～500.0	工程单位：℃	仪表量程：0.0～1200.0	工程单位：℃
控制作用：反作用		控制作用：反作用	

控制要求：将炉出口温度 T1 的调节输出，作为炉膛温度 T2 的给定值，来操作调节阀的动作，改变然料量，来保证炉膛的温度。

途径：MYPJT→FCS0101→FOUNTION _ BLOCK→DR0003 双击进入组态画面。

建立两个 PID 仪表 TIC-2000、TIC-2001 及相关卡件通道连接模块，PID 仪表及通道连接模块的设置方法同上。按下列方法进行连线即可，如图 2-19 所示。

进入主回路仪表 TIC-2000 的细节编辑，将其输出端的输出类型改为自定义，同时将高低范围取成与副回路 TIC-2001 的仪表量程一致。如图 2-20 所示。

至此，串级回路连接完成。

③ 手操器（MLD-SW）　MLD-SW 是一种可以进行手自动切换，带有开关的手操器。它通常应用到带有多个仪表的复杂回路的最低层输出，当其处于手动设定，直接输出到最终的控制器；当其处于“手动”状态时，MV 值是人为“自动/串级”状态时，它的 MV 值来源于上位仪表送给它的 CSV 再输出到最终的控制器。

仪表的建立：现有一个单回路 PID 仪表，要求不将仪表的输出直接赋给输出通道，而是中间需要一个 MLD-SW 仪表进行转接。

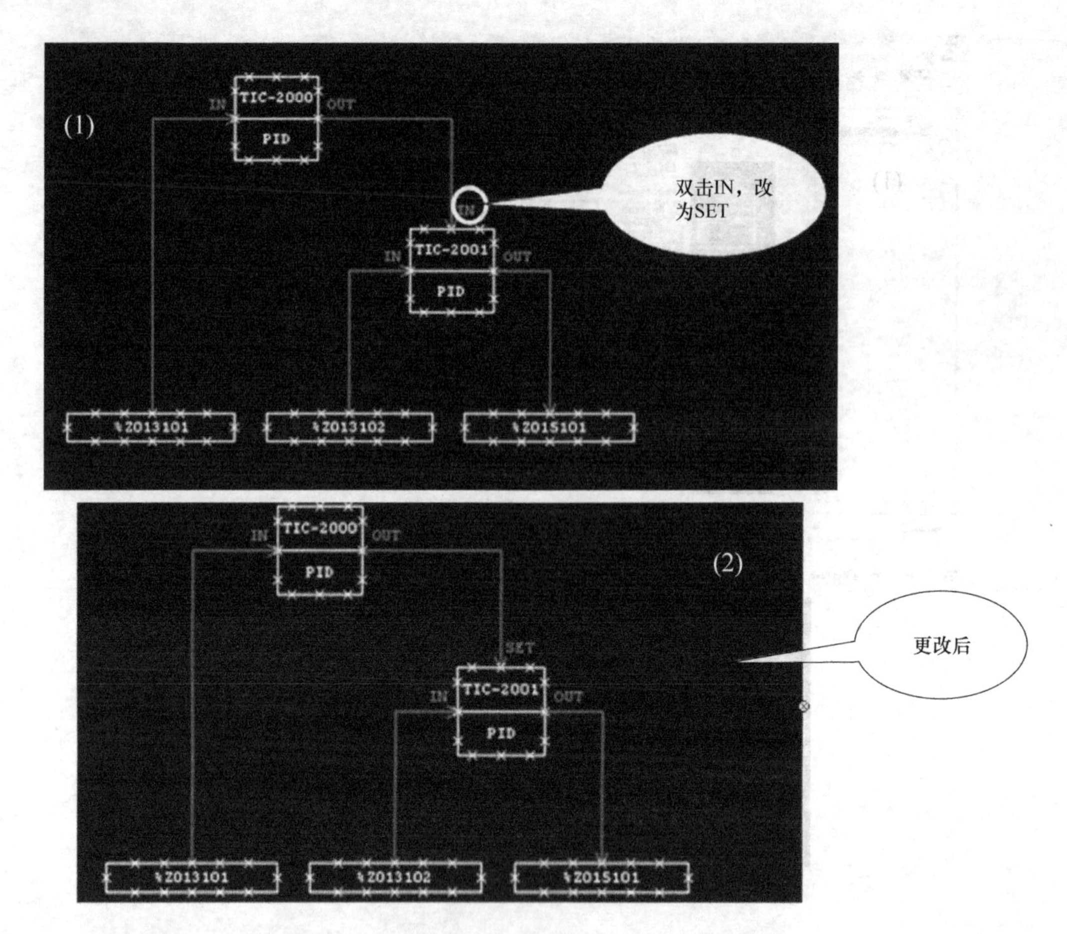

图 2-19 常规调节仪表（PID）串级回路创建过程

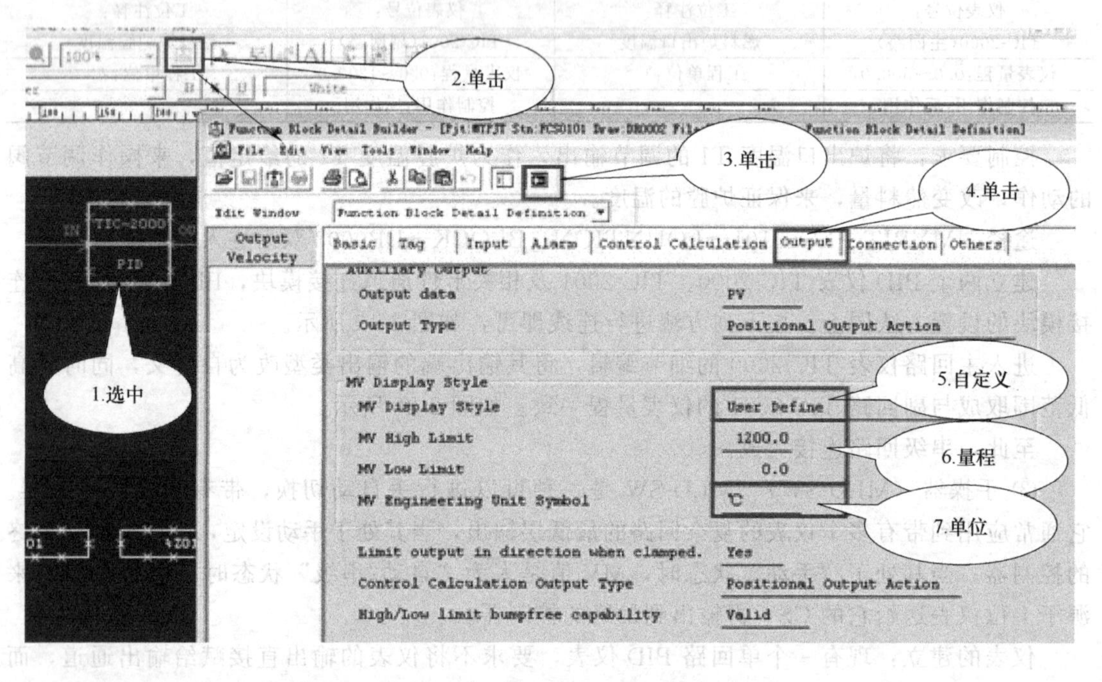

图 2-20 TIC-2000 的细节编辑

基本信息如表 2-10 所示。

表 2-10　基本信息

仪表位号:HC-2006	工位注释:物料 2 调节阀
仪表量程:0.00～100.00	工程单位:%
上位仪表位号:PIC-2006(PID)	工位注释:压力调节
仪表量程:0.00～10.00	工程单位:MPa

途径:MYPJT→FCS0101→FOUNTION_BLOCK→DR0004 双击进入组态画面。

PID 仪表的建立同上,MLD-SW 仪表建立如图 2-21 所示。

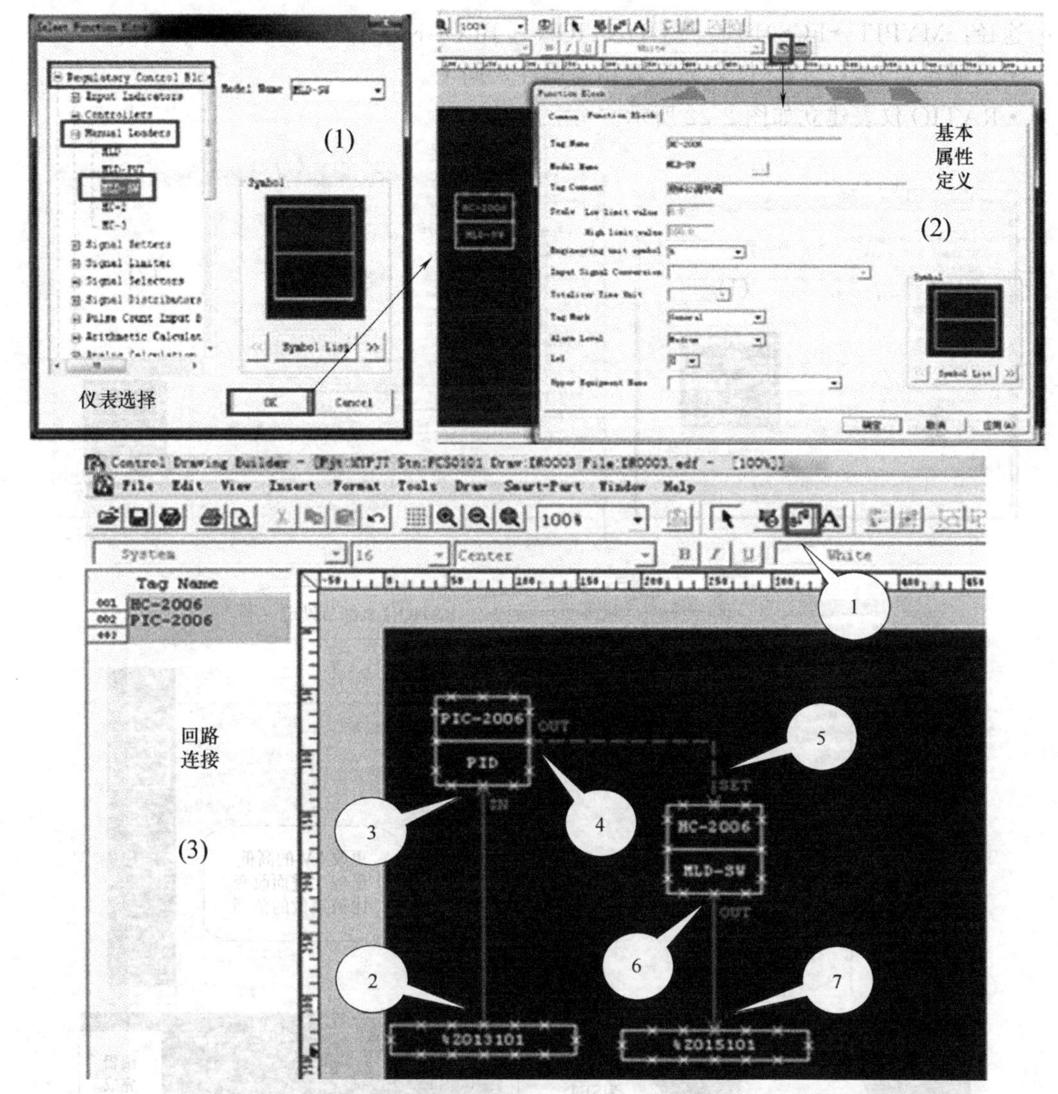

图 2-21　手操器(MLD-SW)建立

④ 比值设定仪表(RATIO)　它广泛应用到物料配比等控制过程之中,它的 MV 值是依据现场过程值 PV 和仪表的设定值 SV(即比值系数)来进行计算输出的。

仪表的建立如下。

控制要求:物料 1 的仪表量程是 0.0～100.0m³/h,物料 2 的仪表量程是 0.0～40.0m³/h,物料 2 与物料 1 之间的配比是 0.0～0.4,物料 2 依据物料 1 进行进料量的调整,进而调节进料阀的开度。

基本信息如表 2-11 所示。

表 2-11　基本信息

仪表位号：FI-1200(PVI)	工位注释：反应罐的物料 1 检测
仪表量程：0.00～100.00	工程单位：m^3/h
仪表位号：FIC-1300(PID)	工位注释：反应罐的物料 2 调节
仪表量程：0.00～40.00	工程单位：m^3/h
仪表位号：RAT-F1300(RATIO)	工位注释：反应罐的物料设定仪表
仪表量程：0.00～100.00	工程单位：m^3/h

途径：MYPJT→FCS0101 →FOUNTION _ BLOCK→DR0005 双击进入组态画面。

• 分别建立 PVI、PID 仪表并设置相关属性，同上。

• RATIO 仪表建立如图 2-22 所示。

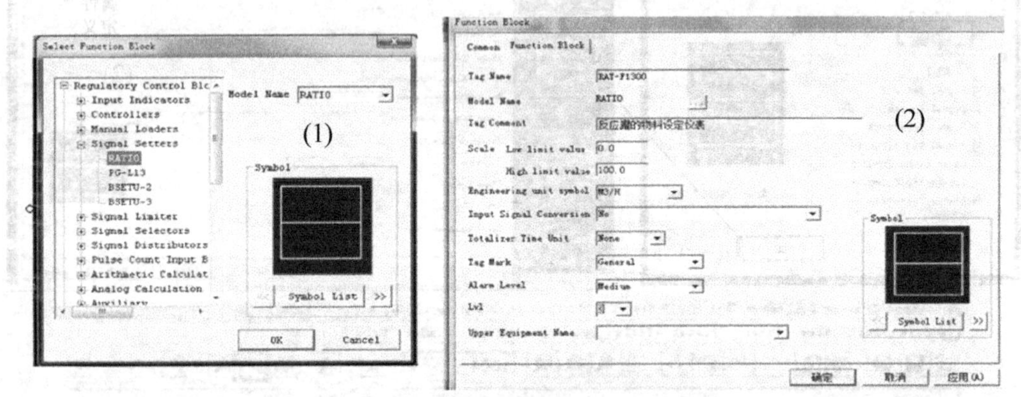

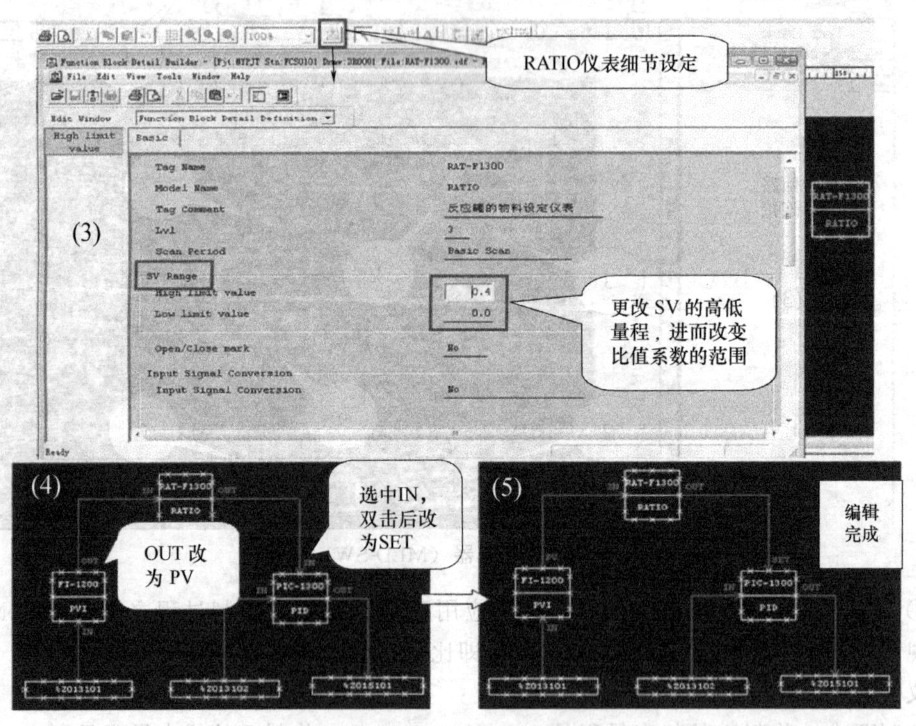

图 2-22　RATIO 仪表建立

⑤ 分程仪表（SPLIT） 分程功能块用于将上位的输出，通过分配开关，分成两路送给下位的控制回路。可以在下位控制回路使用不同操作范围时应用。它的应用非常广泛。

仪表的建立如下。

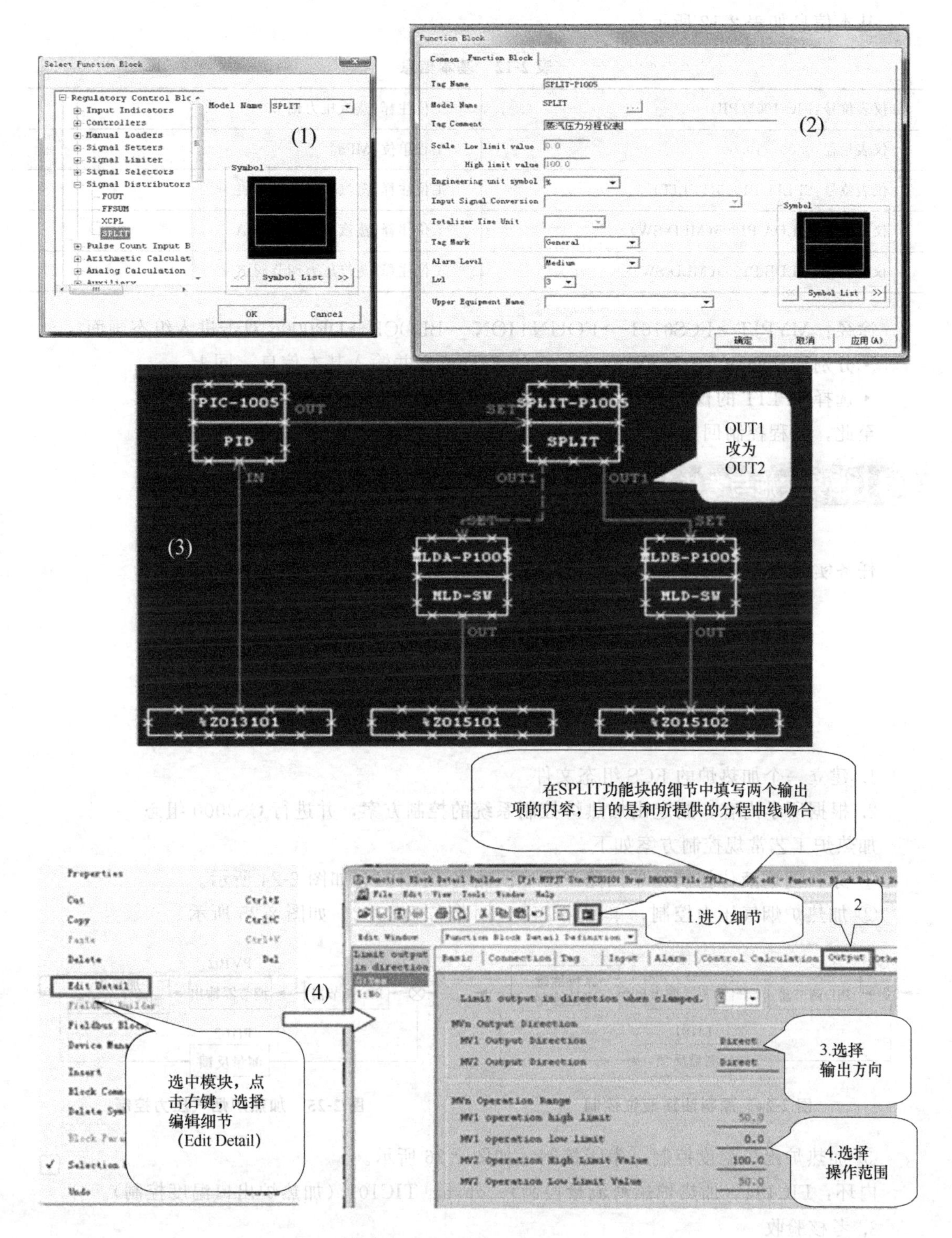

图 2-23　SPLIT 仪表建立

控制要求：上位压力仪表的调节输出在0.0～50.0的范围时，只有阀门A动作，阀门B全关闭的状态；当上位压力仪表的调节输出在50.0～100.0的范围时，阀门A保持全开状态，阀门B由全关到全开进行输出。这样就可以很好地控制蒸汽系统，得到所需的压力。

基本信息如表2-12所示。

表2-12 基本信息

仪表位号：FIC-1005(PID)	工位注释：蒸汽压力调节
仪表量程：0.00～10.00	工程单位：MPa
仪表位号：SPLIT-P1005(SPLIT)	工位注释：蒸汽压力分程仪表
仪表位号：MLDA-P1005(MLD-SW)	工位注释：蒸汽压力调节阀A
仪表位号：MLDB-P1005(MLD-SW)	工位注释：蒸汽压力调节阀B

途径：MYPJT→FCS0101→FOUNTION_ BLOCK→DR0006双击进入组态画面。

- 分别建立两块MLD-SW仪表，一块PID仪表并输入基本信息，同上。
- 选择SPLIT的仪表类型，并进行基本信息的填写，如图2-23所示。

至此，分程控制回路建立完成。

【任务实施与考核】

任务实施与考核流程：

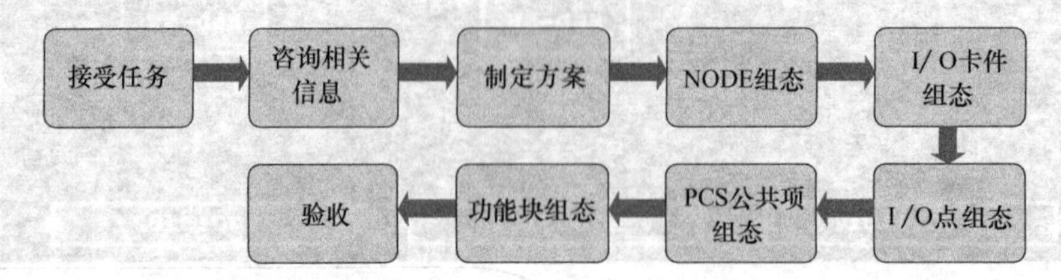

1. 建立一个加热炉的FCS组态文件

2. 根据所学内容，制定出加热炉控制系统的控制方案，并进行CS3000组态

加热炉工艺常规控制方案如下。

① 原料油罐液位控制，单回路PID，回路名LIC101，如图2-24所示。

② 加热炉烟气压力控制，单回路PID，回路名PIC102，如图2-25所示。

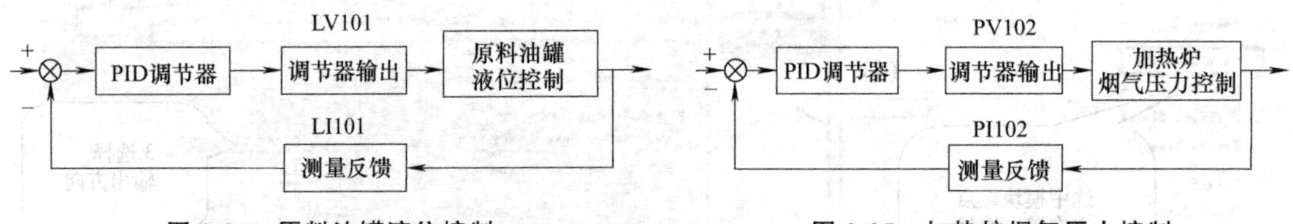

图2-24 原料油罐液位控制　　图2-25 加热炉烟气压力控制

③ 加热炉出口温度控制，串级控制，如图2-26所示。

内环：FIC104（加热炉燃料流量控制）；外环：TIC101（加热炉出口温度控制）。

3. 考核验收

根据每名学生计算机中完成的组态软件和任务完成过程中的表现情况，进行学习评价，

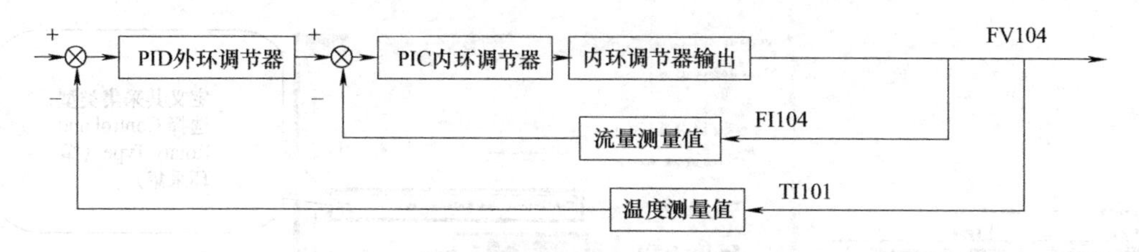

图 2-26　加热炉出口温度控制，串级控制

并依据评价标准给出成绩。

任务五　CS3000 DCS HIS 组态

【任务描述】

要求学生用 CS3000 组态软件对加热炉控制系统进行 HIS 组态。

【知识链接】

HIS 的建立方法在任务三中已经介绍。在此就是对子 HIS 的内容定义进行详细的介绍。在此任务中，以项目［MYPJT］的操作站［HIS0164］为例。

1. CONFIGURATION（配置）

如图 2-27 所示。

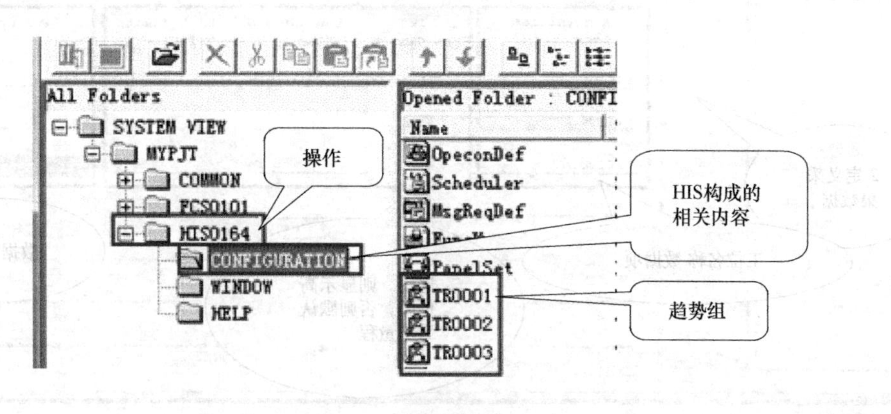

图 2-27　CONFIGURATION

（1）趋势组的定义

趋势的记录功能，可以将采集到的温度、流量、压力等现场过程数据在 HIS 进行图形的显示，可以观察其变化曲线，这对于现场安全高效的生产非常有益。如图 2-28 所示。

属性定义好后，双击趋势组进入组态界面，如图 2-29 所示。

数据类型共有以下 4 种。

① Default：它的显示类型取决于仪表本身的数据类型。

② Analog type：将采集的数据以 0%～100%的形式进行显示。

③ Discrete type：采集数字量的 ON/OFF 信号，显示区域定在趋势图的 6%。

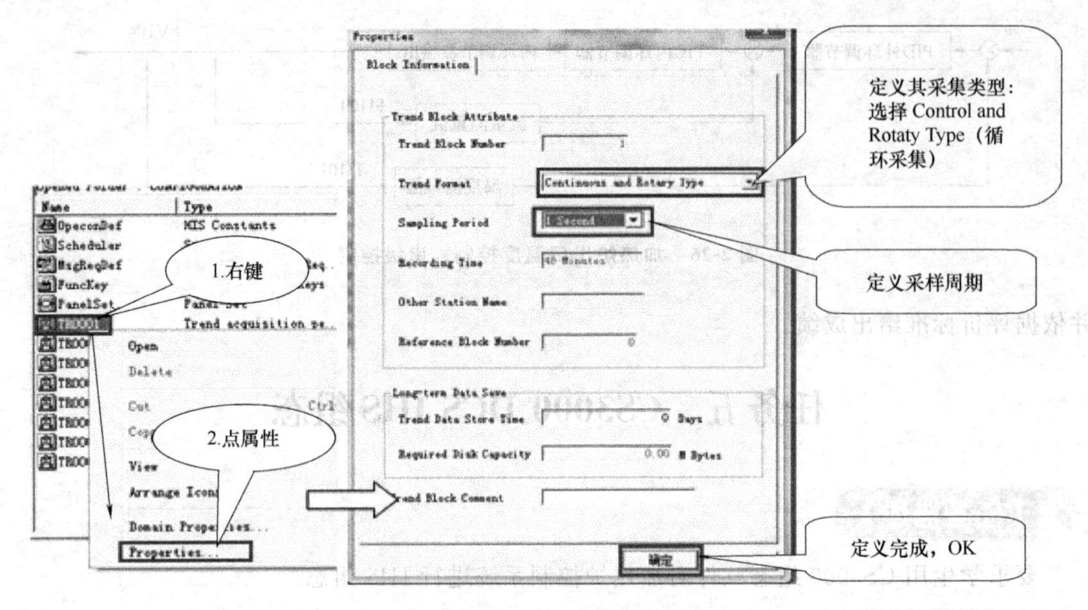

图 2-28　趋势组的定义

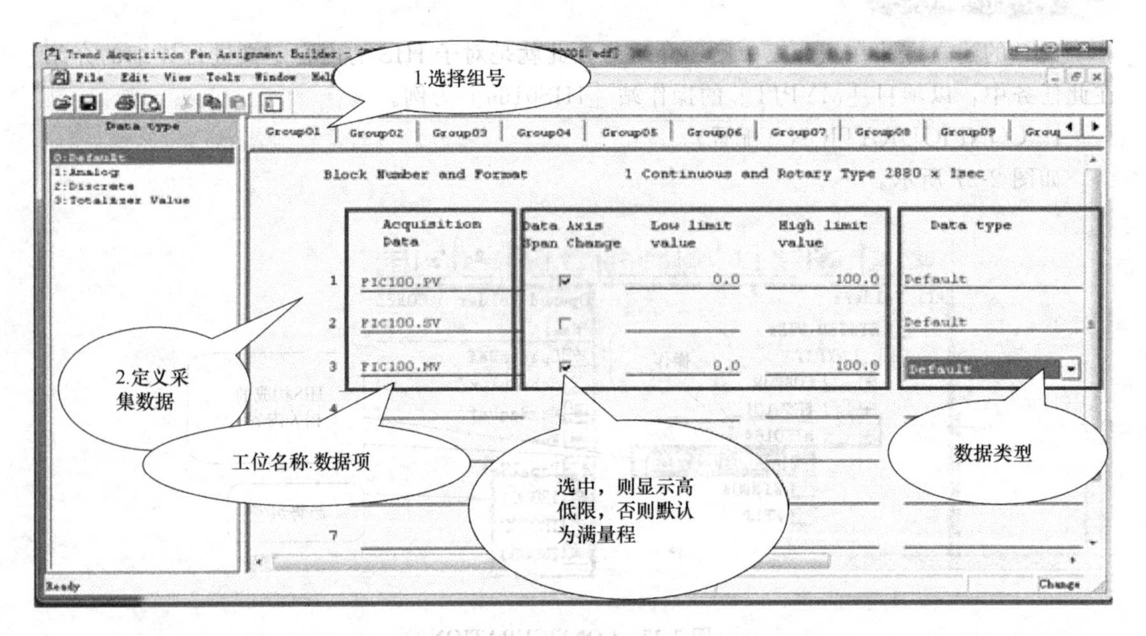

图 2-29　属性定义

④ Totalizer value（模拟量）：将采集的累积数据以 0%～100%形式进行显示。

(2) 控制分组的建立和定义

① 建立一个新的控制分组（CG0002）

路径：MYPJT→HIS0164→WINDOW（点击鼠标右键）→Create New→Window 进入图 2-30 所示画面。

② 定义一个控制分组（CG0002）　双击进入刚才建立好的 CG0002，选择 8 块仪表面板的第一块，点击右键进入属性。如图 2-31 所示。

(3) 总貌窗口的建立和定义

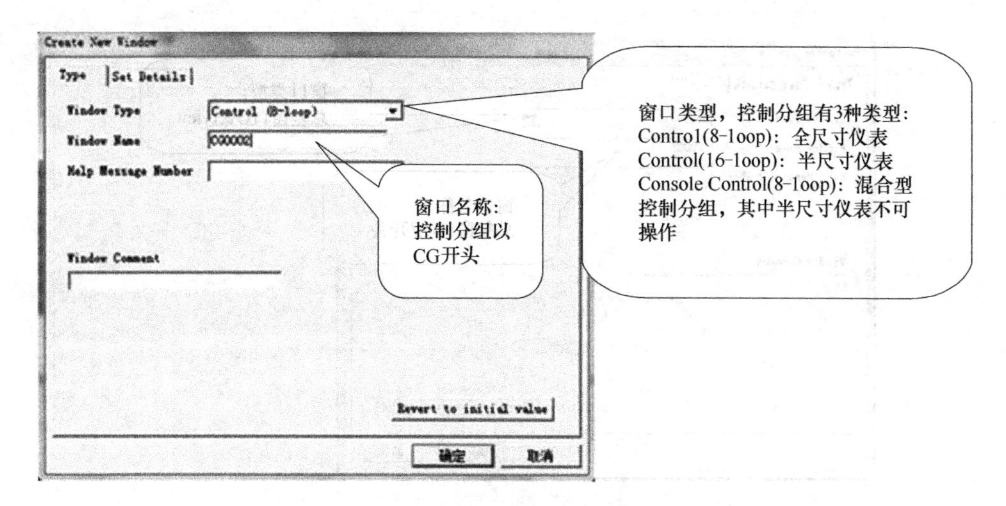

图 2-30　建立新的控制分组

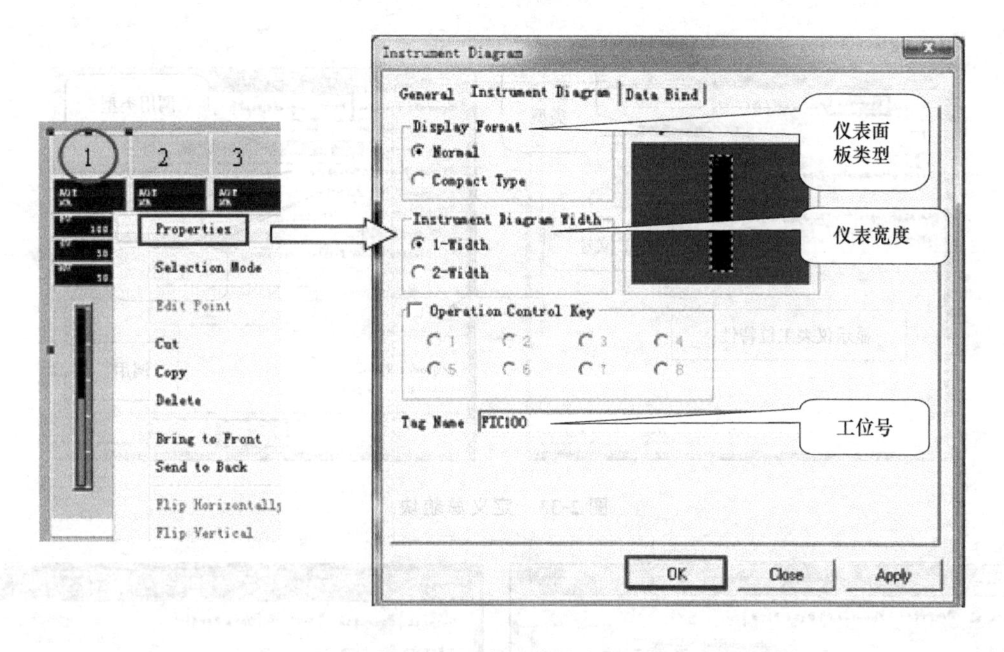

图 2-31　定义控制分组

总貌窗口可以进行窗口调用，监视仪表状态等功能。

① 建立一个新的总貌窗口（OV0002）

路径：MYPJT→HIS0164→WINDOW（点击鼠标右键）→Create New→Window 进入图 2-32 所示画面。

② 定义一个总貌窗口（OV0002）　双击进入刚才建立好的 OV0002，选择一个总貌块，点击右键进入属性。

• 定义一个总貌块，用于显示仪表工位特性，并可以调出相应仪表面板，如图 2-33 所示。

• 定义第二个总貌块，用于监视控制分组的状态，并可以调出相应窗口，如图 2-34 所示。

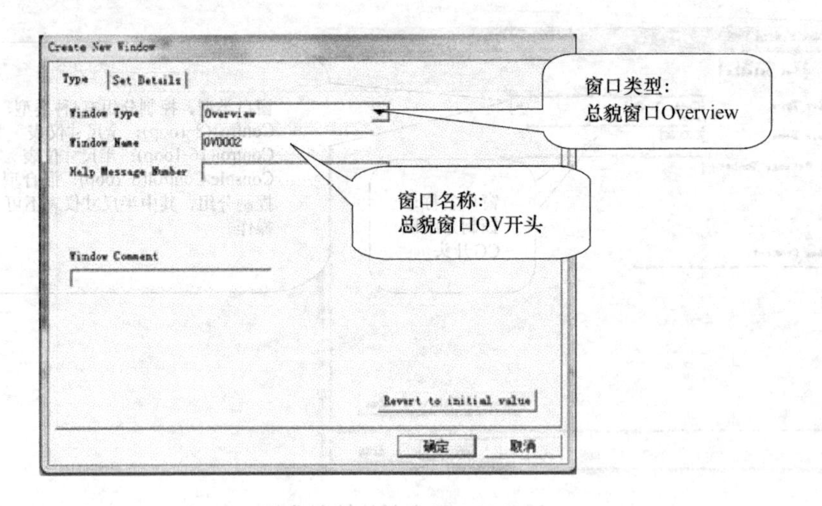

图 2-32 建立总貌窗口

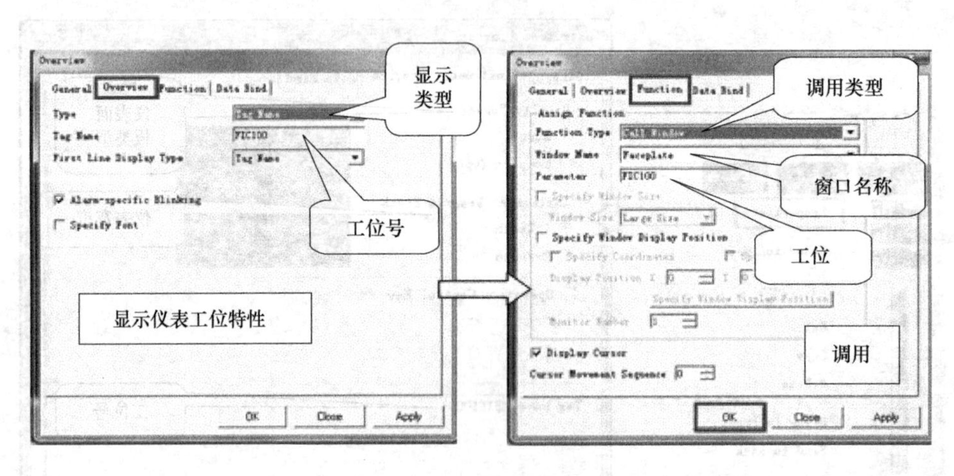

图 2-33 定义总貌块

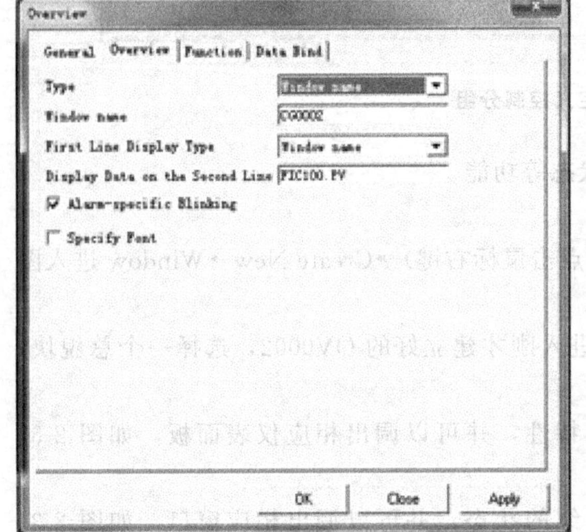

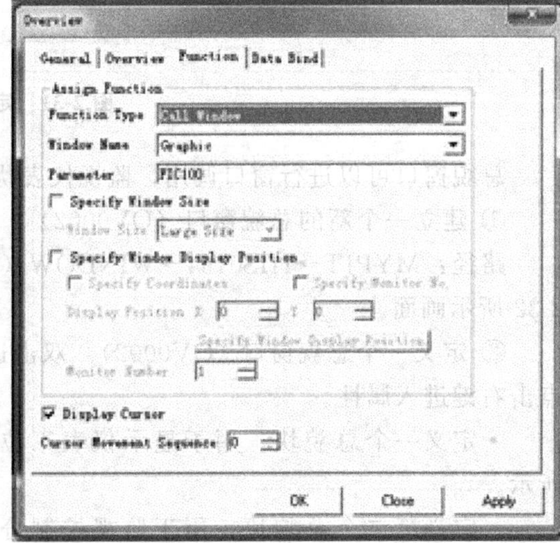

图 2-34 定义总貌块

（4）HIS SETUP 窗口中参数的指定

HIS SETUP 窗口主要对于 HIS 的操作和监视功能作一些相关的设置。

进入途径：MYPJT→FCS0101→工具条中 FCS→Text Function，如图 2-35 所示。

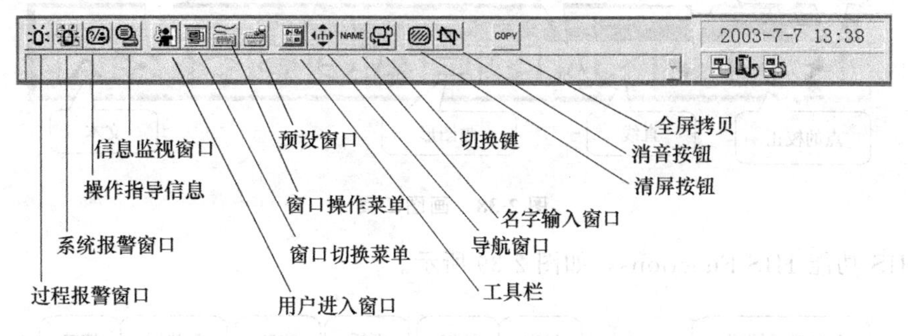

图 2-35　HIS SETUP 窗口中参数的指定

2. 流程图绘制

（1）流程图组态

流程图组态是为操作和监视功能而生成和编辑的流程图窗口。流程图窗口可以具有颜色变化、动态数据、动态液位、触屏、软键等功能。可以很好地完成图形功能。

路径：MYPJT→HIS0164→WINDOWS→GRnnnn 双击进入组态画面。

进入组态画面后，首先设置流程图页面属性即窗口的大小及底色，如图 2-36 所示。

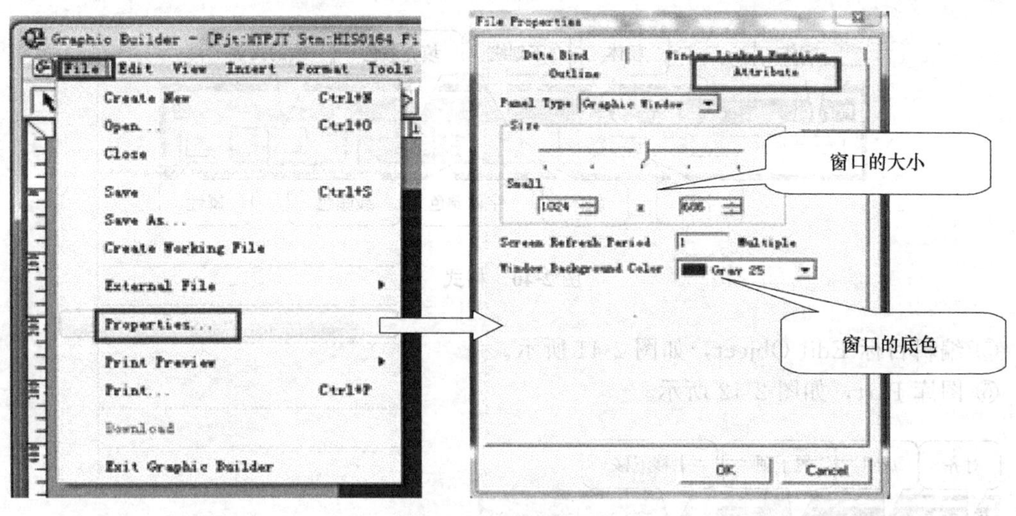

图 2-36　流程图组态

（2）流程图工具的介绍

① 标准工具 Standard，如图 2-37 所示。

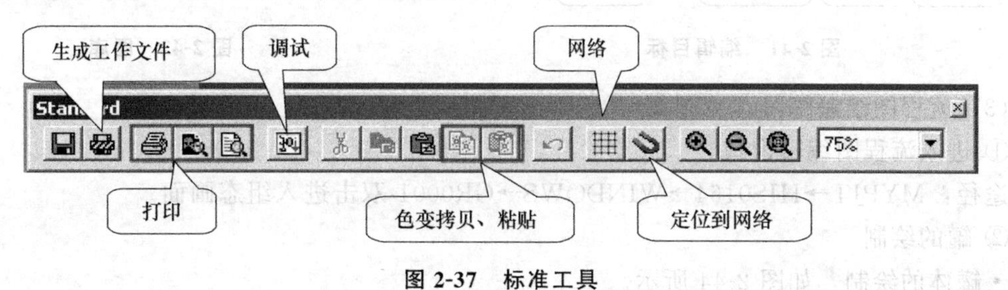

图 2-37　标准工具

② 画图工具 Draw，如图 2-38 所示。

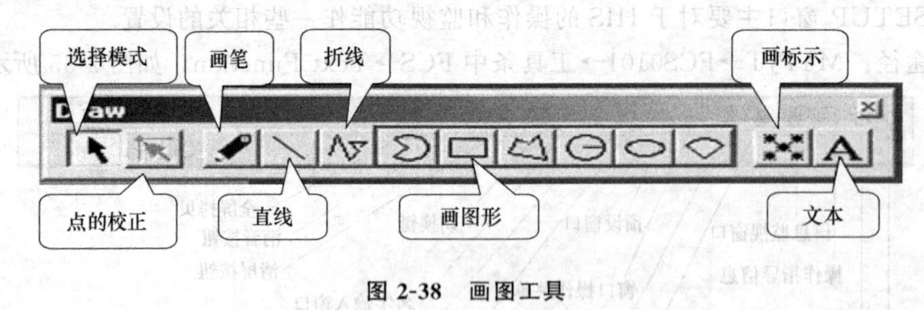

图 2-38 画图工具

③ HIS 功能 HIS Functions，如图 2-39 所示。

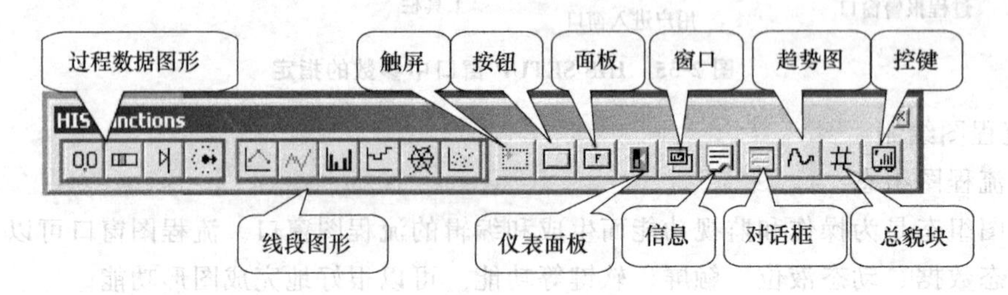

图 2-39 HIS 功能

④ 格式 Format，如图 2-40 所示。

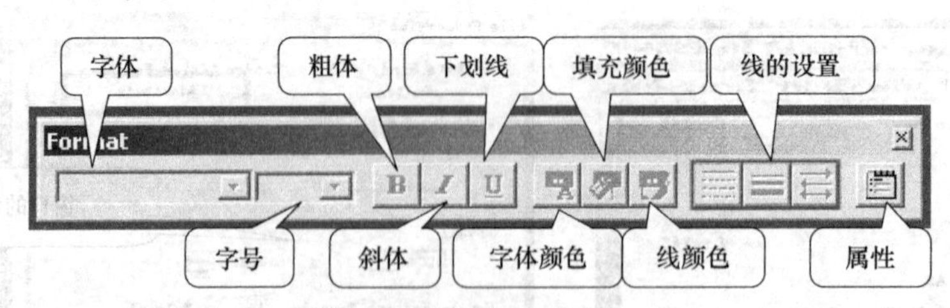

图 2-40 格式

⑤ 编辑目标 Edit Object，如图 2-41 所示。

⑥ 图库 Part，如图 2-42 所示。

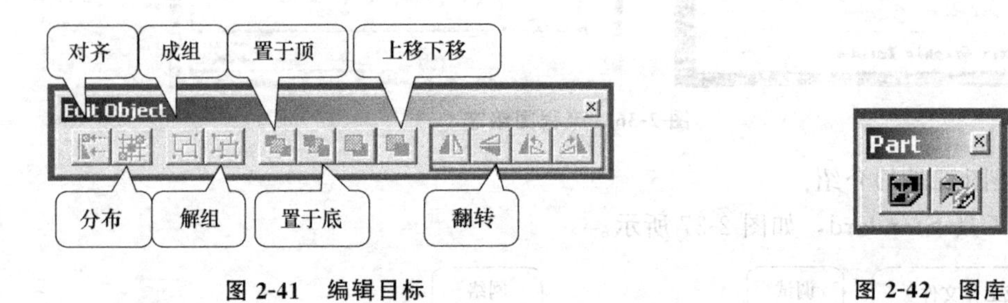

图 2-41 编辑目标　　图 2-42 图库

(3) 流程图绘制练习（见图 2-43）

① 进入流程图编辑窗口

途径：MYPJT→HIS0164→WINDOWS→GR0001 双击进入组态画面。

② 罐的绘制

• 罐体的绘制，如图 2-44 所示。

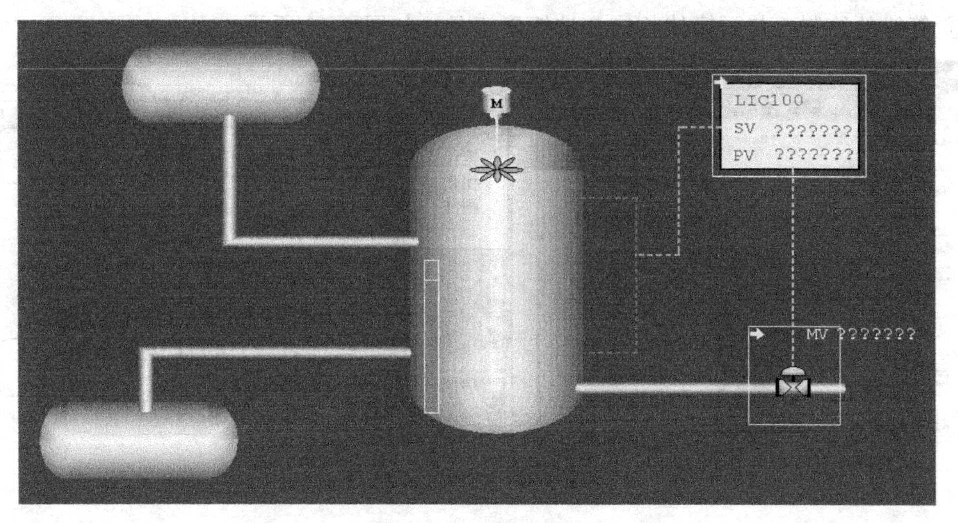

图 2-43　流程图绘制

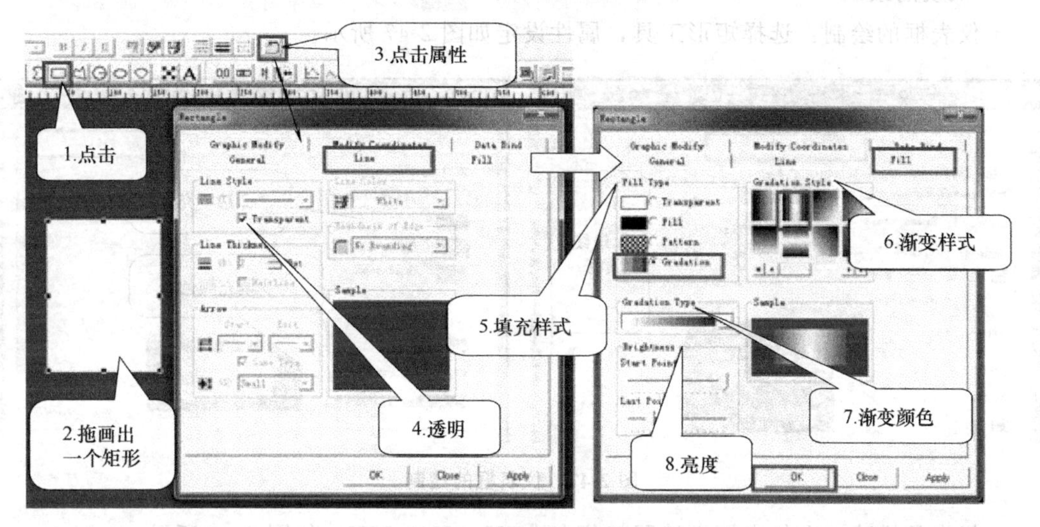

图 2-44　罐体的绘制

• 罐底和顶的绘制，如图 2-45 所示。

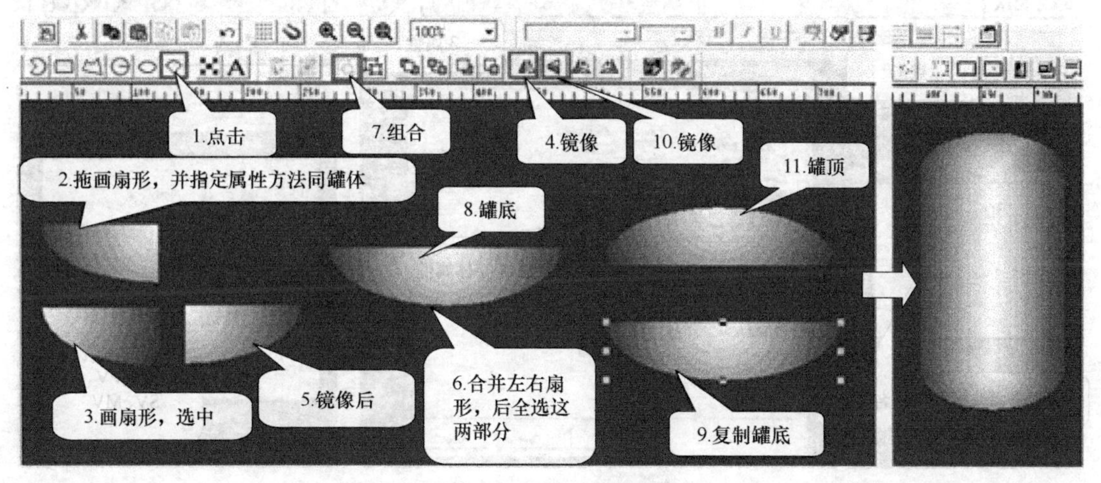

图 2-45　罐底和顶的绘制

③ 管线的绘制　与画罐体相同，选矩形工具，如图 2-46 所示。

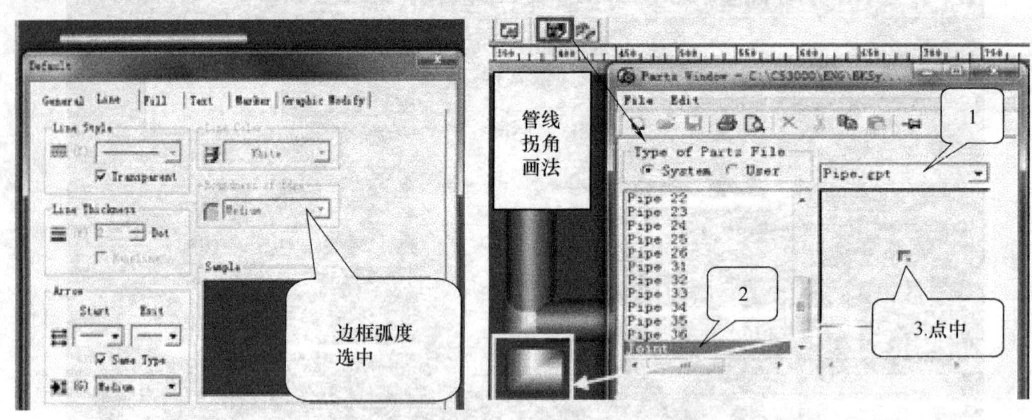

图 2-46　管线的绘制

④ 仪表的绘制

• 仪表框的绘制：选择矩形工具，属性设定如图 2-47 所示。

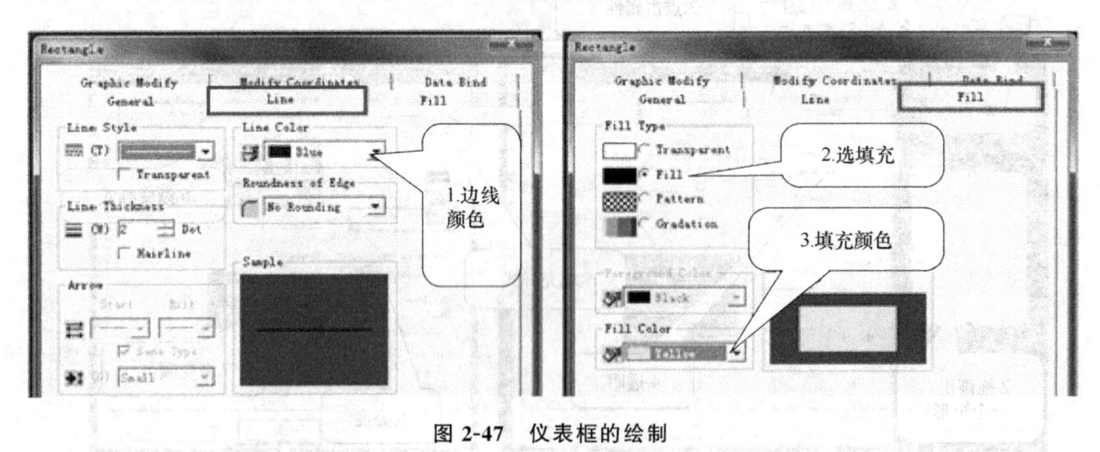

图 2-47　仪表框的绘制

• 仪表的描述：在仪表框中填写工位名、PV、SV、MV，如图 2-48 所示。

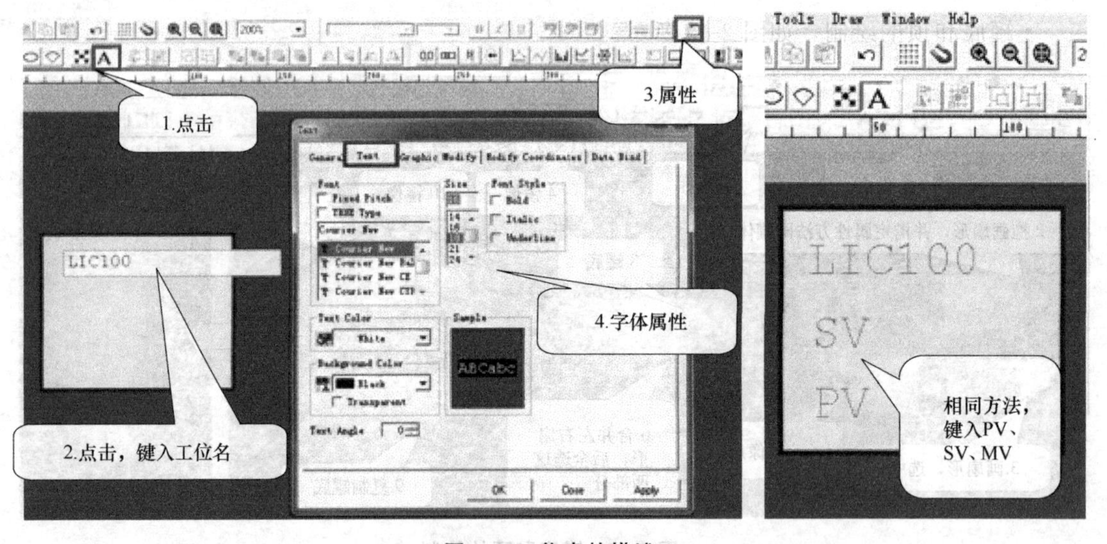

图 2-48　仪表的描述

• 指定要显示的 PV、SV、MV 的值，如图 2-49 所示。

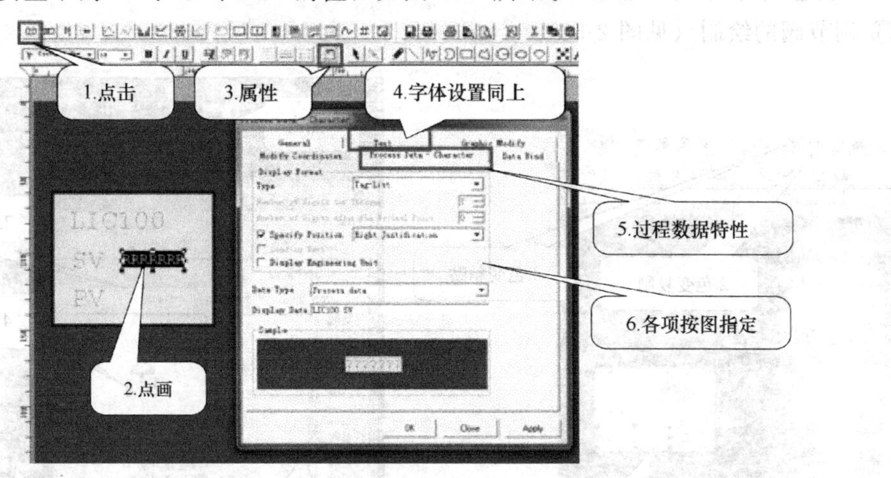

图 2-49　指定要显示的 PV、SV、MV 的值

• 指定 PV 值变色，如图 2-50 所示。

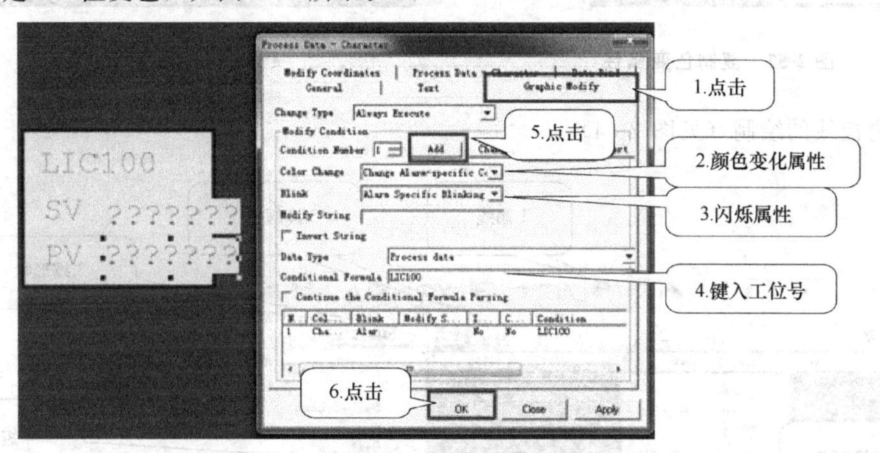

图 2-50　指定 PV 值变色

⑤ 液体棒的绘制

• 液体棒的绘制，如图 2-51 所示。

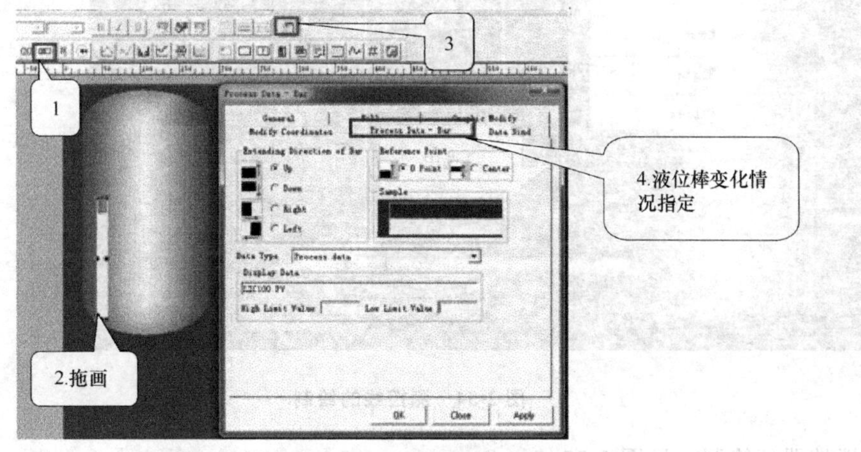

图 2-51　液体棒的绘制

• 复制色变属性，如图 2-52 所示。

⑥ 调节阀的绘制（见图 2-53）

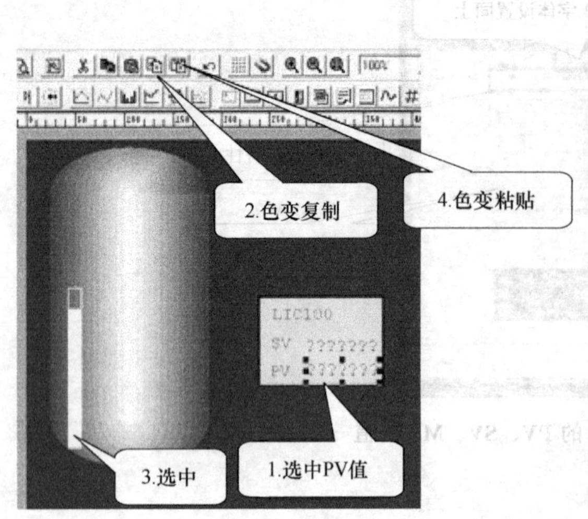

图 2-52 复制色变属性

图 2-53 调节阀的绘制

⑦ 测控线的绘制（见图 2-54）

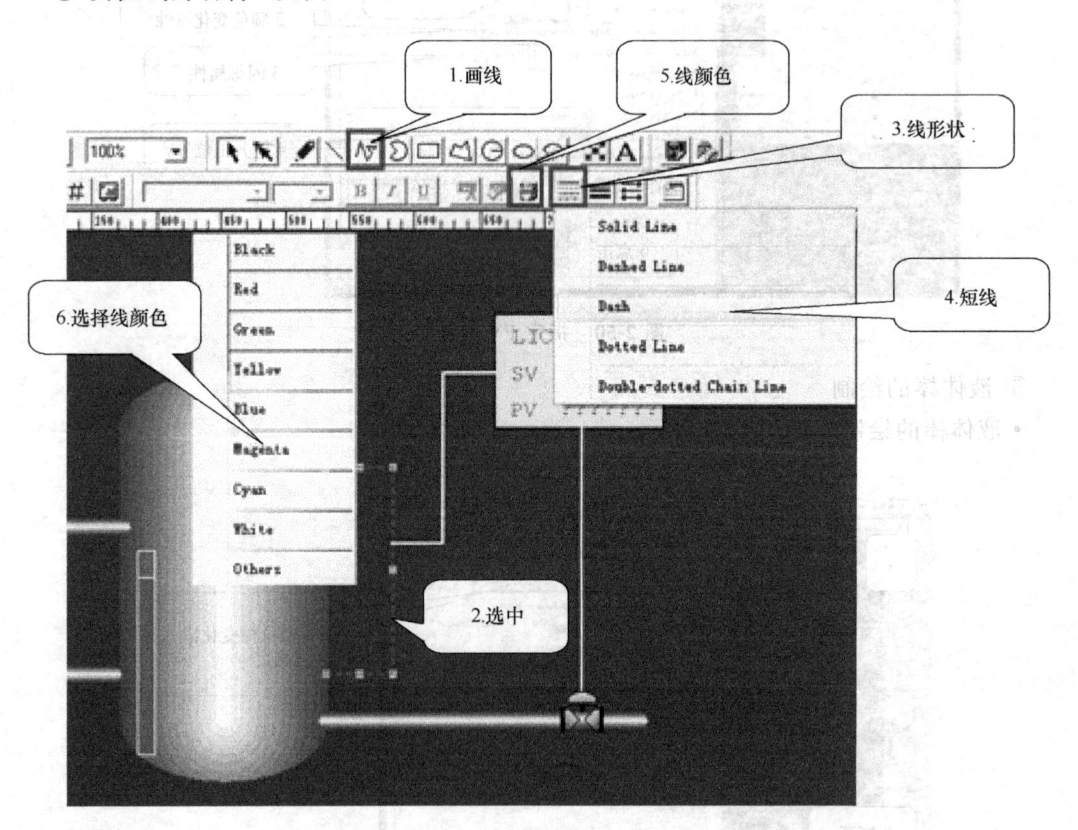

图 2-54 测控线的绘制

⑧ 搅拌器的绘制（见图 2-55）

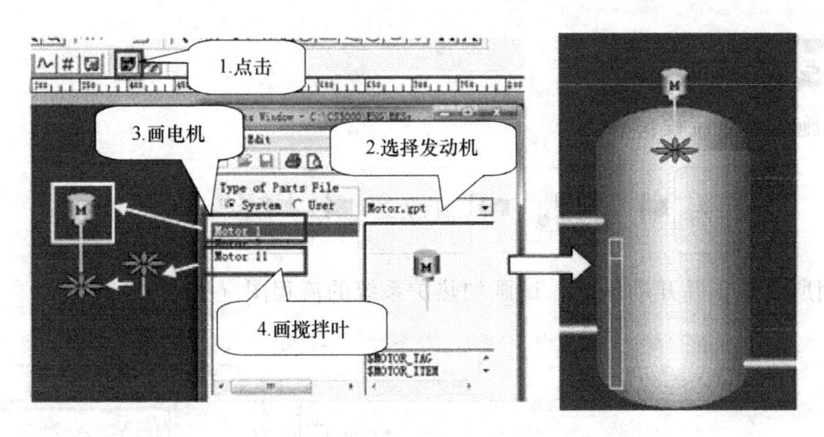

图 2-55　搅拌器的绘制

⑨ 定义触屏　调出仪表 LIC100，调出 MV 数据，如图 2-56 所示。

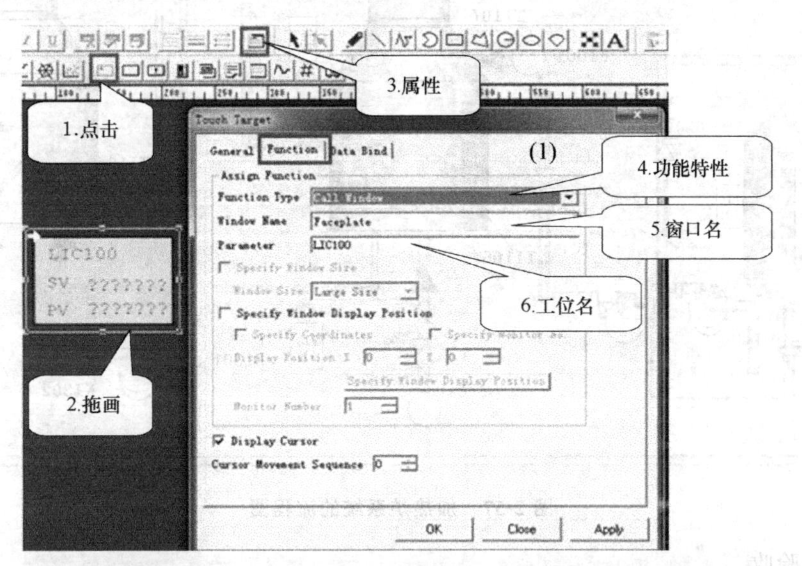

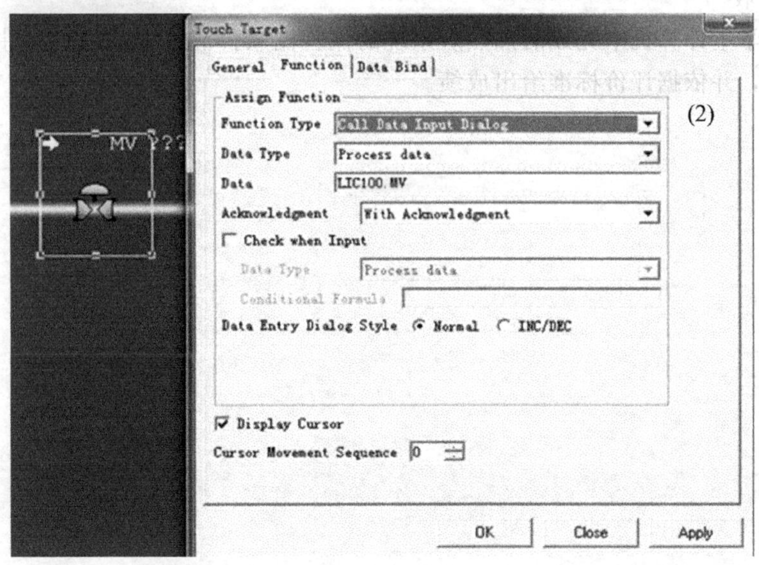

图 2-56　定义触屏

【任务实施与考核】

任务实施与考核流程：

1. 利用所学知识并开动脑筋，试画加热炉系统的流程图（见图 2-57）

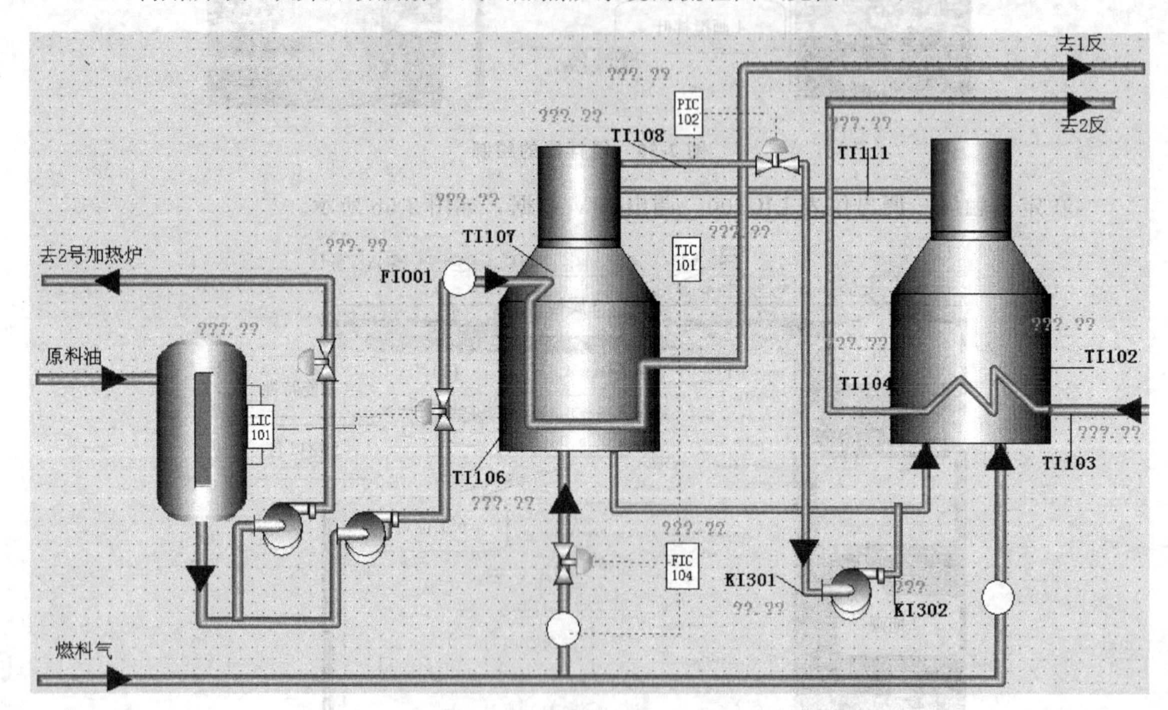

图 2-57 加热炉系统的流程图

2. 考核验收

根据每名学生计算机中完成的加热炉系统的流程图软件和任务完成过程中的表现情况，进行学习评价，并依据评价标准给出成绩。

参 考 文 献

[1] 王琦主编. 计算机控制技术. 上海：华东理工大学出版社，2009.
[2] 任丽静，周哲民主编. 集散控制系统组态调试与维护. 北京：化学工业出版社，2010.
[3] 曲丽萍主编. 集散控制系统及其应用实例. 北京：化学工业出版社，2007.
[4] 申忠宇，赵瑾主编. 基于网络的新型集散控制系统. 北京：化学工业出版社，2009.
[5] 袁秀英主编. 组态控制技术. 北京：电子工业出版社，2004.
[6] 潘炼，方康玲，吴怀宇主编. 过程控制与集散系统实验教程. 武汉：华中科技大学出版社，2008.
[7] 吴才章主编. 集散控制系统技术基础及应用. 北京：中国电力出版社，2011.
[8] 赵瑾编著. CENTUM CS1000 集散控制系统. 北京：化学工业出版社，2001.